高等院校互联网+新形态创新系列教材·计算机系列

嵌入式系统集成开发

代红英　李奇兵　董旭斌　主　编

陆　鹏　陶翠微　副主编

U0198177

清华大学出版社

北京

内 容 简 介

本书基于 STM32F4 系列微控制器、嵌入式实时操作系统μC/OSⅡ、嵌入式图形设计库 emWin 以及轻量级网络通信协议 LwIP，详细介绍了嵌入式系统的硬件设计与软件开发及综合应用。

本书共 3 篇。第 1 篇为系统基础篇，包括 3 章，主要介绍嵌入式系统的基本概念与开发方法，包括嵌入式系统的软/硬件结构、开发工具链和设计方法。第 2 篇为集成开发篇，包括 3 章，主要介绍嵌入式实时操作系统μC/OSⅡ的概念、移植、设计与应用等，嵌入式系统 UI 设计的重要工具 STemWin 以及轻量级网络通信协议 LwIP 的代码移植与开发过程等。第 3 篇为实战篇，包括 2 章，此部分主要以实践为主，分为基础实验和综合实验。基础实验主要包括μC/OSⅡ多任务设计实验、μC/OSⅡ的时钟设计实验、STemWin 图片与字体显示实验和网络通信实验。综合实验是基于μC/OSⅡ操作系统在 STM32 上实现的一个综合项目，此项目采用了大型软硬件架构，实现了电子书、数码相框、音乐播放、视频播放、时钟、记事本、网络通信、无线热点等多重功能，以此来让读者巩固前面所学的知识并提升综合项目开发的能力。

本书既可作为普通高等院校物联网工程、电子信息工程、通信工程、自动化、智能仪器等相关专业的本科教材或教学参考书，也可作为嵌入式系统爱好者和工程开发技术人员的参考用书。

图书在版编目(CIP)数据

嵌入式系统集成开发/代红英，李奇兵，董旭斌主编. —北京：清华大学出版社，2023.9
高等院校互联网+新形态创新系列教材. 计算机系列
ISBN 978-7-302-64523-8

Ⅰ. ①嵌… Ⅱ. ①代… ②李… ③董… Ⅲ. ①微处理器—系统设计—高等学校—教材 Ⅳ. ①TP332.021

中国国家版本馆 CIP 数据核字(2023)第 159393 号

责任编辑：孟 攀
封面设计：杨玉兰
责任校对：李玉茹
责任印制：杨 艳

出版发行：清华大学出版社
    网 址：http://www.tup.com.cn, http://www.wqbook.com
    地 址：北京清华大学学研大厦 A 座   邮 编：100084
    社 总 机：010-83470000   邮 购：010-62786544
    投稿与读者服务：010-62776969, c-service@tup.tsinghua.edu.cn
    质量反馈：010-62772015, zhiliang@tup.tsinghua.edu.cn
    课件下载：http://www.tup.com.cn, 010-62791865
印 装 者：小森印刷霸州有限公司
经 销：全国新华书店
开 本：185mm×260mm   印 张：13.5   字 数：328 千字
版 次：2023 年 9 月第 1 版   印 次：2023 年 9 月第 1 次印刷
定 价：39.80 元

产品编号：096621-01

前　言

随着电子技术、计算机技术、通信技术的发展，嵌入式技术已无处不在。从人们随身携带的可穿戴智能设备，到智慧家庭中的远程抄表系统、智能洗衣机和智能音箱，再到智慧交通中的车辆导航、流量控制和信息监测等，各种创新应用及需求不断涌现。自 1971 年第一块单片机诞生至今，嵌入式系统的发展经历了初期阶段和蓬勃发展期，现已进入成熟期。在嵌入式系统发展初期，各种 EDA 工具还不完善，芯片的制作工艺复杂，成本很高，嵌入式程序设计语言以汇编语言为主，该时期只有电子工程专业技术人员才能从事嵌入式系统的设计与开发工作。到 20 世纪 80 年代，随着 MCS-51 系列单片机的出现以及 C51 程序设计语言的成熟，单片机应用系统成为嵌入式系统的代名词，MCS-51 单片机迅速在智能仪表和自动控制等相关领域得到普及。1997 年，ARM 公司推出 ARM7 微控制器，之后推出 Cortex 系列微控制器和微处理器，成为嵌入式系统设计的首选芯片，这标志着嵌入式系统进入蓬勃发展期。行业的发展促进了技术的进步，催生了对人才的需求，很多高校的电子信息类专业都针对嵌入式技术开设了一系列课程。

本书面向对嵌入式控制器有一定基础的学生或读者，基于 ARM 体系结构的 STM32F4 微控制器，将其作为嵌入式系统原理和开发方法的蓝本。

本书由重庆工程学院嵌入式技术教研组的代红英、李奇兵和董旭斌担任主编，陆鹏、陶翠微担任副主编。其中，董旭斌负责系统基础篇的编写，代红英负责统筹安排、审核全书以及集成开发篇的μC/OS Ⅱ嵌入式实时操作系统的编写；李奇兵负责集成开发篇的 STemWin 开发和 LwIP 网络开发的编写，陆鹏负责实战篇的编写。

本书集成开发篇和实战篇的硬件平台均采用广州市星翼电子科技有限公司 ALIENTEK 系列的开发板与配套外设，因此，在编写时借鉴了该公司编写的相关开发指南，在此对公司给予的大力支持表示诚挚的谢意。此外，编者在本书的写作过程中得到了清华大学出版社工作人员、学校领导和同事们的大力支持，在此表示感谢。

限于编者的水平，书中难免有疏漏和欠妥之处，希望同行专家和读者提出宝贵意见，以便我们进一步修改完善。

编　者

目录

第1篇 系统基础篇

第2篇 集成开发篇

第 3 篇　实战篇

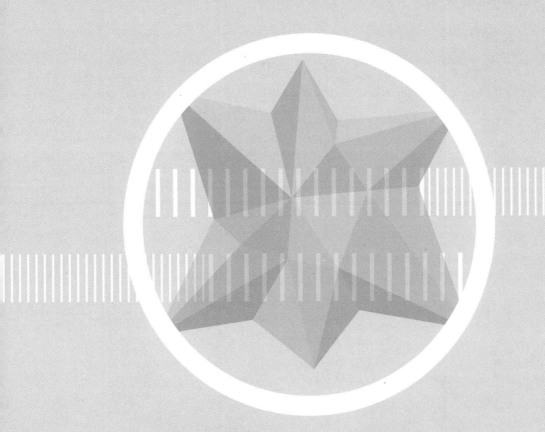

第 1 篇

系统基础篇

第 1 章　嵌入式系统总论

本章学习目标

1. 掌握嵌入式系统的概念。
2. 了解嵌入式系统的发展历程。
3. 了解嵌入式系统的分类及应用领域。

1.1　嵌入式系统概述

嵌入式即嵌入式系统，美国电气和电子工程师协会(institute of electrical and electronics engineers，IEEE)的定义为："嵌入式系统是用于控制、监视或者辅助操作机器和设备的装置。"目前，国内普遍认同的嵌入式系统定义是：以计算机技术为基础，以应用为中心，软/硬件可裁剪，适合应用系统对功能可靠性、成本、体积、功耗严格要求的专业计算机系统。

简单来说，嵌入式系统是一种可以嵌入对象体系中的专用的计算机系统。它体现在嵌入性、专用性及计算机这三个要素。嵌入性是指嵌入对象体系中去，有对象环境要求；专用性是指软/硬件根据对象的要求进行裁剪；计算机是指以微处理器为主控核心可以实现对象的运算、控制、智能化等功能。

嵌入式系统在定义上与传统的单片机系统和计算机系统有很多重叠部分。为了便于区分，在实际应用中，嵌入式系统还应该具备以下三个特征。

(1) 嵌入式系统的微处理器通常是由 32 位及以上的精简指令集计算机(reduced instruction set computer，RISC)处理器组成，如 ARM、MIPS 等。

(2) 嵌入式系统的软件系统通常是以嵌入式操作系统(embedded operation system，EOS)为核心，实时性较强，外加用户应用程序。

(3) 嵌入式系统在特征上具有明显的可嵌入性。

1.2　嵌入式系统的发展历程与应用领域

1.2.1　嵌入式系统的发展历程

嵌入式概念其实很早就存在，从 20 世纪 70 年代单片机的出现到今天的各种与嵌入式相关的应用，嵌入式系统经历了几十年的发展历程，但每个阶段的发展历程都有所不同。下面简单介绍嵌入式系统经历的三个发展阶段。

1. 无操作系统阶段

无操作系统阶段的应用就是基于最初的单片机，多数以单芯片编程控制器的形式出现；一般没有操作系统的相关支持，只能通过汇编语言对系统进行直接控制，在相关运行结束之后再清除内存。这一阶段的主要特点是：系统机构和功能相对比较单一，处理效率较低，储存量小，几乎没有用户接口。由于具备以上特点，它得到了工业领域的广泛认可。

2. 操作系统雏形阶段

随着微电子工艺水平的提高，出现了大量高可靠、低耗能的嵌入式 CPU，以简单系统为核的操作系统开始出现并得到迅速的发展。这一阶段的主要特点是：CPU 种类繁多，通用性较弱；具备一定的兼容性和可扩展性，对控制系统负载以及监控应用程序的运行有一定作用；应用软件逐渐专业化，用户界面有待完善。

3. 实时操作系统阶段

在数字化通信和信息家电等巨大需求的牵引下，嵌入式系统得到进一步的飞速发展，随着硬件实时性要求的提高，嵌入式系统的软件规模也在不断扩大，以嵌入式实时操作系统为标志的嵌入式系统应运而生。这一阶段的主要特点是：操作系统的实行性得到了很大改善，可以在不同类型的微处理器上实现高度的模块化和可扩展性运行，以此使应用软件的开发变得更加简单；操作系统内核轻巧、效率高；具有文件管理、多任务、支持网络、图形界面窗口及用户界面等功能；具有大量的应用程序 API，无须直接接触硬件，使应用程序开发更加便捷。

1.2.2　嵌入式系统的应用领域

嵌入式系统在过去相当长的一段时间内主要运用在军事和工业控制领域，很少被人们关注和了解。随着时代的发展，现代生活中嵌入式系统的应用越来越广泛。嵌入式系统已经渗透到人们生产、生活的各个方面，无时无刻不在身边并且影响着人们的生活方式。例如，打电话使用的智能手机，玩游戏使用的平板电脑，看电视使用的数字机顶盒和智能电视，上网使用的路由器或者光纤调制解调器(Modem)，出门时驾驶或乘坐的交通工具，烹饪时使用的电磁炉和微波炉，生活中使用的洗衣机、空调、冰箱，还有工厂里实现了自动化生产的机器设备以及医院里的医疗仪器等都离不开嵌入式系统。从图 1.1 可以看出，嵌入式系统具有非常广阔的应用前景，其典型应用领域有以下几个。

1. 工业控制领域

在工业控制系统中，嵌入式系统处于核心地位，它通过各个传感器收集设备工作信息，并且将这些信息处理和加工后发出控制指令，控制工业设备的正常运转。目前，有大量基于 8 位、16 位和 32 位嵌入式微控制器的嵌入式系统应用在工业控制中，提高了生产效率和产品质量，降低了人力成本。嵌入式系统的典型工业应用包括工业过程控制、数字机床、电力系统、电网设备监测、石油化工系统等。

2. 网络通信设备领域

随着高速宽带网络的普及，无线路由器、交换机等网络通信设备已经进入千家万户，这类网络通信设备搭载了网络通信协议栈的嵌入式系统。随着移动通信技术的不断发展，市场需要大量的网络基础设施、接入设备和移动终端设备，这些设备也都使用了嵌入式系统。

图 1.1　嵌入式系统应用领域

3. 消费类电子产品领域

消费类电子产品包括手持智能终端、信息家电、汽车电子等人们日常生活中使用的电子产品。国际数据公司(international data corporation，IDC)公布的智能手机出货量报告显示，2023 年全世界智能手机出货量将比 2019 年增长 7.7%，达到 14.89 亿万部，这是目前嵌入式系统较大的应用领域。随着 5G 逐步商业化，物联网应用将迎来爆发式增长，越来越多的智能设备将引领人们的生活进入物联网时代。

4. 汽车电子产品领域

在汽车电子产品领域，随着车联网与自动驾驶技术的逐步成熟，车载嵌入式计算机系统将和射频识别、全球卫星定位、移动通信、无线网络等技术相结合，实现人、车、路、环境之间的智能协同，实现汽车自动驾驶。

5. 航空航天领域

嵌入式系统在航空航天领域也有着广泛的应用，如飞机、火箭和卫星中的飞行控制系统等。航空航天中使用的嵌入式系统还要适应恶劣环境，对安全性、可靠性及容错性方面有苛刻的要求。有些飞行器上的嵌入式系统需要稳定工作几十年。例如，"旅行者 1 号"无人空间探测器于 1977 年 9 月 5 日发射，截至 2020 年 6 月仍在正常运作。近年来，飞速发展的无人机技术中，嵌入式飞控系统发挥了核心作用。

6. 军事国防领域

军事国防历来是嵌入式系统的一个重要应用领域。早在 20 世纪 60 年代，武器控制系统中就已经开始采用嵌入式系统，后来扩展到军事指挥和通信系统。在各种武器控制系统(如火炮控制、导弹控制、智能炸弹控制)，以及坦克、舰艇、轰炸机等武器平台的电子装备、通信装备、指挥装备中，都可以看到嵌入式系统的身影。

1.3 嵌入式系统的组成及分类

1.3.1 嵌入式系统的组成

嵌入式系统作为一类特殊的计算机系统，一般包括硬件设备、嵌入式操作系统和应用软件。嵌入式系统体系结构如图 1.2 所示。

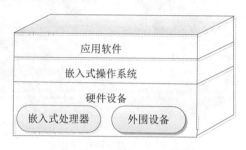

图 1.2 嵌入式系统体系结构

1. 硬件设备

硬件设备包括嵌入式处理器和外围设备。

(1) 嵌入式处理器(CPU)是嵌入式系统的核心部分，它与通用处理器最大的不同点在于，嵌入式 CPU 大多工作在为特定用户群专门设计的系统中，它将通用处理器中许多由板卡完成的任务集成到芯片内部，从而有利于嵌入式系统在设计时趋于小型化，同时还具有很高的效率和可靠性。

如今，大多数半导体制造商都生产嵌入式处理器，并且越来越多的公司开始拥有自主的处理器设计部门。据不完全统计，全世界嵌入式处理器已经超过 1000 种，流行的体系结构有 30 多个系列，其中，以 ARM、PowerPC、MC68000、MIPS 等使用最为广泛。

(2) 外围设备是嵌入式系统中用于完成存储、通信、显示等辅助功能的其他部件。目前，常用的嵌入式外围设备按功能可以分为存储设备、通信设备和显示设备三类。

① 存储设备主要用于各类数据的存储，常用的有静态易失性存储器(RAM、SRAM)、动态存储器(DRAM)和非易失性存储器(ROM、EPROM、EEPROM、Flash)三种。其中，Flash 凭借其可擦写次数多、存储速度快、存储容量大、价格便宜等优点，在嵌入式领域得到了广泛应用。

② 通信设备包括 RS-232 接口(串行通信接口)、SPI(串行外围设备接口)、IrDA(红外线接口)、FC(现场总线)、USB(通用串行总线接口)、Ethernet(以太网接口)等。

③ 显示设备通常是阴极射线管(CRT)、液晶显示器(LCD)和触摸板(touch panel)等。

2. 硬件抽象层

由于不同嵌入式系统应用中的硬件环境差异较大，为了保持嵌入式系统软件的稳定性，减少开发人员在不同硬件平台之间编程和移植程序的工作量，嵌入式系统在硬件和软件之间引入了一个中间层，叫作硬件抽象层(hardware abstraction layer，HAL)，这样原先嵌入式系统的三层结构便逐步演化成四层结构，如图 1.3 所示。HAL 位于实时操作系统和嵌入式硬件平台之间，其中包含了嵌入式操作系统中与硬件相关的大部分功能。HAL 向操作系统提供底层的硬件信息，并根据操作系统的要求完成对硬件的操作。由于 HAL 屏蔽了底层硬件的细节，因而嵌入式操作系统不再直接面对具体的硬件环境，而是面向 HAL 代表的、逻辑上的硬件环境。HAL 的引入大大减少了嵌入式操作系统和嵌入式应用软件在不同嵌入式硬件环境中的移植和开发工作量。

图 1.3　引入 HAL 后的嵌入式体系结构

HAL 使嵌入式应用软件不再受制于底层硬件的变化，嵌入式应用软件能够专注于有效地运行在与硬件无关的环境中。HAL 将硬件操作和控制的共性抽象出来，为嵌入式应用软件访问硬件设备提供了应用程序编程接口(application programming intrtface，API)。这些 API 屏蔽了具体的硬件细节，实现了嵌入式应用软件与底层硬件的隔离，从而大大提高了系统的可移植性。HAL 具有以下两个主要特点。

(1) 硬件相关性。

HAL 中包含了直接操作硬件的代码，通常称为板级支持包(board support package，BSP)。BSP 负责初始化硬件(如配置处理器总线时钟频率和引脚功能)，并向嵌入式应用软件提供设备驱动接口。通常产业链上游的嵌入式处理器芯片供应商或者嵌入式系统软件集成商会提供与芯片配套的 BSP 代码，从而方便开发人员进行修改和移植。

不同的嵌入式操作系统对 BSP 的编写有不同的规范。例如，运行在同一嵌入式硬件平台上的 VxWorks 操作系统和 Linux 操作系统中的 BSP 尽管实现的功能相同，但它们各自代码的实现方法和 API 却完全不同。

(2) 操作系统相关性。

不同的嵌入式操作系统具有各自的软件层次结构，其中，HAL 的实现方法和功能各不相同。例如，Windows 操作系统下的 HAL 位于操作系统最底层，直接操作硬件设备；而 Linux 操作系统下的 HAL 位于操作系统核心层和驱动程序之上，是运行在用户空间中的服务程序，HAL 不直接操作硬件，系统对硬件的控制仍然由对应的驱动程序完成；Android 操作系统中的 HAL 将控制硬件的代码都放到用户空间中，因此，只需要操作系统的内核设备驱动，提供最简单的寄存器读写操作。

3. 嵌入式操作系统

嵌入式操作系统是指通用嵌入式实时操作系统，它具有通用操作系统的一般功能，如向上提供对用户的接口(图形界面、库函数 API 等)，向下提供与硬件设备交互的接口(如硬件驱动程序等)，管理复杂的系统资源。同时，它还在系统实时性、硬件依赖性、软件固化性及应用专用性等方面，具有更加鲜明的特点。嵌入式操作系统负责嵌入式系统的全部软件、硬件资源的分配和调度工作，并控制和协调并发活动。其主要特点是具备一定的实时性，系统内核较为精简，占用资源少，有较强的可靠性和可移植性。常见的嵌入式操作系统有嵌入式 Linux、VxWorks、QNX、Nuclear、µC/OS 等。与 PC 上的 Windows 操作系统居统治地位不同，嵌入式操作系统有更多的选择，不同的嵌入式操作系统的特点和性能区别较大，设计人员需要根据应用场景进行选择。

4. 应用软件

应用软件是针对特定应用领域，基于某一固定的硬件平台，用来达到完成预期目标的计算机软件。由于嵌入式系统自身的特点，决定了嵌入式系统的应用软件不仅要求达到准确、安全和稳定的标准，而且还要进行代码精简，以减少对系统资源的消耗，降低硬件成本。

从广义上讲，嵌入式系统软件包含运行在嵌入式系统上的软件和运行在 PC 上进行嵌入式系统开发的工具软件。通常所说的嵌入式软件是指前者，包括嵌入式文件系统、嵌入式系统中间件、嵌入式图形系统、嵌入式应用软件等，如图 1.4 所示。

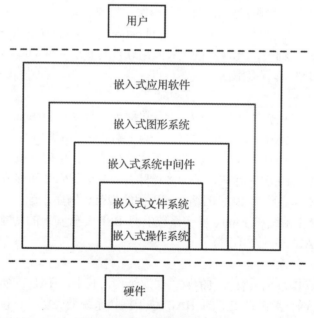

图 1.4 嵌入式系统软件的组成

1) 嵌入式文件系统

嵌入式文件系统负责管理存储在嵌入式系统中的各种数据、程序和运行支撑库等。嵌入式文件系统通常是特定嵌入式操作系统的一个子模块，也可以独立出来作为一个模块运行在不同的嵌入式系统之上。嵌入式系统的存储介质一般是 Flash，其容量、寿命、速度与通用计算机系统相比有较大差异，嵌入式文件系统需要针对这些差异设计不同的存储格式和访问策略。

2)　嵌入式系统中间件

随着移动互联网、物联网等技术的不断进步，人们往往需要在不同软、硬件配置的终端运行相同的应用程序。嵌入式系统中引入了中间件(middleware component)来满足上层软件对运行环境的需求。嵌入式系统中间件能够增加软件的复用程度，减少软件二次开发和移植的工作量。嵌入式系统中间件一般包括嵌入式数据库、嵌入式 Java 虚拟机和轻量级通信协议栈等，其目的是向上层软件提供必要的运行支撑环境。

3)　嵌入式图形系统

与 PC 不同，图形用户界面(graphical user interface，GUI)并不是嵌入式系统所必需的部分，实际上很多应用场景中的嵌入式系统根本就没有显示设备，因此也不需要图形用户界面。但随着手持终端、智能手机、智能仪表等与用户交互频繁的嵌入式系统的广泛应用，嵌入式系统对 GUI 的要求也越来越高，从简单的交互界面发展到以手机 App 为代表的移动平台应用软件。嵌入式图形系统要求简单、直观、可靠、占用资源少且反应迅速，以适应嵌入式系统有限的硬件资源环境。另外，由于嵌入式系统硬件本身的特殊性，嵌入式图形系统应具备高度可移植性与可裁剪性，以适应不同的硬件平台和使用需求。

4)　嵌入式应用软件

嵌入式应用软件是针对特定应用领域，基于某一特定硬件平台的应用来实现用户预期目标的计算机软件。用户任务有实时性和执行精度上的要求，因此，嵌入式应用软件往往需要嵌入式实时操作系统的支持。嵌入式应用软件与普通应用软件相比有一定的区别，前者不仅要求在准确性、安全性和稳定性等方面能够满足实际应用的需求，而且必须尽可能地进行优化，以减少对系统资源的消耗。在实际应用中，嵌入式应用软件开发多使用 C 语言，其原因是 C 语言有较高的执行效率。

1.3.2　嵌入式系统的分类

有人把单个嵌入式微处理器当作嵌入式系统，这是不对的。因为嵌入式系统实质上是一个嵌入式计算机系统，所以只有当嵌入式微处理器构成了一个计算机系统，并作为嵌入式应用时，这样的计算机系统才可称为嵌入式系统。根据不同的分类标准，嵌入式系统有不同的分类方法。

1. 按其形态的差异(即硬件范畴)分类

从这个范畴来讲，只要满足嵌入式定义三要素的计算机系统，都可称为嵌入式系统。一般可将嵌入式系统分为以下几种。

(1)　芯片级(MCU、SoC)：集成在一块芯片中，含有程序或算法。

(2)　板级(单片机、模块)：整个系统中含有某个核心模块。

(3)　系统级：含有完整的系统，并有嵌入式软件的全部内容。

2. 按其复杂程度不同分类

(1)　主要由微处理器构成的嵌入式系统，常常用于小型设备(如温度传感器、烟雾和气体探测器及断路器)中。

(2)　不带计时功能的微处理器装置，可在过程控制、信号放大器、位置传感器及阀门传动器等装置中找到。

(3) 带计时功能的组件，这类系统多用于开关装置、控制器、电话交换机、包装机、数据采集系统、医药监视系统、诊断及实时控制系统等。

(4) 在制造或过程控制中使用的计算机系统，也就是由工控机级组成的嵌入式计算机系统，是这四类中最复杂的一种，也是现代印刷设备中经常应用的一种。

第 2 章 嵌入式系统的基础知识

本章学习目标

1. 了解嵌入式系统的硬件与软件系统。
2. 了解嵌入式系统的处理器及分类。
3. 掌握嵌入式系统中常见的存储器与硬件接口。
4. 熟悉嵌入式系统的开发流程。

2.1 嵌入式硬件系统

嵌入式硬件系统以嵌入式处理器为核心,主要由嵌入式处理器、存储器、输入输出接口和其他外部设备组成。嵌入式处理器内部通常会集成大量的外部设备模块,处理器只需要较少的外围电路就能工作。因此,嵌入式硬件系统的组成通常以嵌入式处理器为中心,并通过添加电源电路、时钟电路和存储器电路等构成嵌入式核心模块,然后根据应用需求对外围端口进行扩充。

2.1.1 嵌入式处理器

各式各样的嵌入式处理器是嵌入式硬件系统中最核心的部分。目前,世界上具有嵌入式功能特征的处理器已经有上千种,流行的体系结构也有几十个系列。鉴于嵌入式系统广阔的发展前景,很多半导体制造商都大规模生产嵌入式处理器,包括嵌入式微控制器(embedded microcontroller unit,EMCU)、数字信号处理器(digital signal processor,DSP)、片上系统(system on chip,SoC)等各种类型的嵌入式处理器,以及基于现场可编程逻辑门阵列(field programmable gate array,FPGA)的硬核或者软核嵌入式处理器。

1. 嵌入式处理器的分类

近年来,嵌入式处理器的发展非常迅速,处理器字长从 8 位、16 位逐步过渡到 32 位和 64 位。同时,高端嵌入式处理器逐步向异构多核处理器方向发展,处理核心由单核变为多核,并加入了 DSP 协处理器、图形处理器(graphics processing unit,GPU)等。目前,智能手机中采用的处理器大多是异构多核架构,如华为手机中搭载的麒麟 980 处理器,它在 1 个处理器内部包含了 2 个基于 Cortex-A76 的超大核(主频为 2.6 GHz)、2 个基于 Cortex-A76 的大核(主频为 1.92 GHz)和 4 个基于 Cortex-A55 的小核。通过对三种不同性能、档次的处理器核心进行搭配,麒麟 980 处理器能够灵活适配重载、中载、轻载等多种场景,让用户在获得更高性能体验的同时拥有更长的续航体验。

根据不同的处理器结构和应用领域,嵌入式处理器可以分为以下几种。

(1) 嵌入式微处理器。

嵌入式微处理器(embedded microprocessor unit,EMPU)由通用计算机中的 EMCU 演变

而来，是目前嵌入式系统工业的主流，仍然有着极其广泛的应用。嵌入式微处理器的典型特征是具有 32 位以上的处理器。除了内部集成 ROM/EPROM、RAM、总线、总线逻辑等各种必要的功能和外设之外，嵌入式微处理器只保留和嵌入式应用紧密相关的功能硬件，确保以低功耗实现嵌入式应用的特殊要求。与桌面计算机处理器不同的是，MPU 一般基于 RISC 架构，具有体积小、重量轻、成本低、可靠性高的优点。嵌入式微处理器的代表性产品包括基于 ARM 架构的 i.MX 系列、基于 MIPS 架构的国产龙芯系列以及基于 PowerPC 架构的 MPC8xx 系列等。

(2) 嵌入式微控制器。

嵌入式微控制器(EMCU)俗称嵌入式单片机，顾名思义，就是微型版的计算机系统。EMCU 通常是 8 位、16 位或 32 位处理器，其设计目标是追求低成本、低功耗和高可靠性。嵌入式微控制器一般以某种微处理器内核为核心，芯片内部集成串行口、I/O、脉宽调制输出、总线逻辑等必要的功能和外设。与 MPU 相比，MCU 的最大特点是所需外围电路较少，从而使功耗和成本下降，可靠性提高。MCU 的典型代表是单片机，单片机从 20 世纪 70 年代末出现到今天已有数十年的历史，尽管如此，单片机在嵌入式设备中仍然有着极其广泛的应用。

MCU 由于价格低廉，稳定性好，且拥有的品种和数量众多，因此在嵌入式控制系统中应用十分广泛。比较有代表性的 MCU 包括 8051 系列、MCS 系列以及 ARM 公司推出的采用 Cortex-M0/M3/M4/M7 架构的 32 位微控制器。图 2.1 展示了采用 Cortex-M3 架构的 STM32F1xx 系列微控制器的内部结构，这类微控制器芯片内部封装的片内外设模块很多，有很强的可扩展能力。MCU 主要面向控制类型的任务，如工业数据采集和物联网控制等。

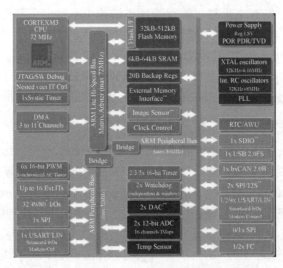

图 2.1 STM32F1xx 系列微控制器内部结构

(3) 数字信号处理器。

嵌入式 DSP 是专门用于信号处理的处理器，其针对系统结构和指令进行了特殊设计，更加适合执行 DSP 算法，编译效率以及指令执行速度也得到大大提升。在数字滤波、FFT 等各种数字信号仪器上，DSP 获得了大规模应用。DSP 代表产品有 TI 的 TMS320C2000/C5000

系列、TexasInstruments 的 TMS320 系列、Motorola 的 DSP5600 系列等。

(4) SoC 和 FPGA。

SoC 的设计技术始于 20 世纪 90 年代中期。随着半导体的不断发展，IC 设计者能够将越来越复杂的功能集成到单硅片上，也就是在一个芯片上集成 CPU、DSP、逻辑电路、模拟电路、射频电路、存储器和其他电路模块以及嵌入式软件等，并且互联成完整的系统，其最大的特点是实现软件、硬件的无缝结合。例如，华为推出的麒麟 990 处理器是全球首款基于 7 nm 工艺的 5G SoC，首次将 5G Modem 压缩到 SoC 上，缩减了所需路由板的面积，极大地提高了能效比。

FPGA 是作为专用集成电路(application specific integrated circuit，ASIC)领域中的一种半定制电路而出现的，它既解决了定制电路的不足，又克服了原有可编程器件门电路数量有限的缺点。开发人员不需要再像传统的系统设计那样绘制复杂的电路板，也不需要焊接芯片，只需要使用硬件描述语言、综合时序设计工具等来设计 FPGA 器件的功能。上至高性能 CPU，下至简单的 74 电路，都可以用 FPGA 来实现。Xilinx 和 Altera 公司均推出了多种型号的 FPGA 芯片。

2. 嵌入式处理器的特点

随着技术的不断发展，嵌入式处理器的运行速度越来越快，性能越来越强，价格也越来越低。嵌入式处理器一般具有以下特点。

(1) 体积小，集成度高，有较高的性价比。

(2) 支持实时多任务调度，能够运行多任务操作系统，并且有较短的响应时间，从而能将实时任务的响应时间减小到最低限度。

(3) 具有存储区域保护功能。为了避免在软件模块之间出现错误的越界访问，嵌入式处理器中通常会提供存储区域保护硬件机制。

(4) 可扩展的处理器结构。能够根据处理器内核扩展出各种满足应用需求的高性能嵌入式处理器。

(5) 较低的功耗，尤其是移动计算机和通信设备中靠电池供电的嵌入式处理器。

2.1.2　存储器

存储器是用来存储程序和数据的记忆部件，可分为内存储器和外存储器。内存储器简称内存，是处理器通过地址和数据总线能直接访问的存储器，用来存放程序与临时数据。嵌入式系统的内存可位于嵌入式处理器芯片内，也可以在片外扩展。通常片内存储器存储容量小，速度快；片外存储器容量大，但会增加额外的成本。外存储器简称外存，用来存放不经常使用或者需要永久保存的程序和数据，其特点是容量大，但速度较内存慢。按照存储器的访问方式，嵌入式系统中的存储器可以分为三类，即随机存储器(read access memory，RAM)、只读存储器(read-only memory，ROM)以及介于上述两者之间的混合存储器。嵌入式系统中常用的存储器如图 2.2 所示。

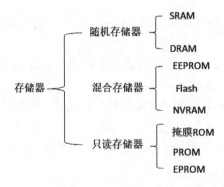

图 2.2　嵌入式系统中常用的存储器

2.1.3　外设接口

嵌入式系统硬件除了嵌入式处理器和嵌入式存储器外,通常还会根据应用需求扩充多种外设接口,这些接口包括通信接口、输入输出接口、设备扩展接口等。一般情况下,嵌入式处理器内部会集成很多常用的外部设备控制器,设计硬件时只需要引出对应的端口即可,这大大降低了设计难度,节约了成本,缩小了电路板面积。把这类集成在处理器内部的外部设备称为片内外设。如果需要使用独立的外设芯片来扩充外部端口,则称为外部外设。嵌入式系统使用的外围接口种类繁多,其功能、速度各异,常用的接口包括 USB 接口、以太网接口、蓝牙接口、Wi-Fi 接口、LCD 接口、RS-232、RS-485、CAN、SPI、I^2C、I^2S 等。下面介绍一些常见的外设接口。

1. USB 接口

通用串行总线(universal serial bus,USB)是一种双向、快速、可同步传输、廉价并可以进行热拔插的串行总线标准。

USB 1.1 标准的 USB 接口最高传输速率可达 12 Mb/s,比 RS-232 快约 100 倍;而 USB 2.0 标准的 USB 接口最高传输速率更是达到了 480 Mb/s;最新一代的 USB 3.1 标准的 USB 接口传输速率高达 10 Gb/s。

标准的 USB 协议使用主/从架构,这就意味着任何 USB 事务都是由主机发起的。USB 主机处于主模式,从设备处于从模式,从设备不能启动数据传输,只能回应主机发出的指令。USB OTG(on-the-go)技术允许在没有主机的情况下,实现设备间的数据传送。例如,数码相机可以直接连接到打印机,将拍摄的相片立即打印出来;也可以将数码相机中的数据通过 USB OTG 发送到含有 USB 接口的移动硬盘,这样就没有必要借助计算机来复制数据了。

2. Wi-Fi 接口

无线保真(wireless fidelity,Wi-Fi)技术是在办公室和家庭中被广泛使用的短距离无线技术。IEEE 定义了一系列的 Wi-Fi 标准,包括 802.11a、802.11b、802.11g 和 802.11n 等。Wi-Fi 技术最大的优点是传输速率较高,采用 802.11n 标准的 Wi-Fi 接口理论传输速率最高可达 600 Mb/s。最新的 IEEE 802.11ac 标准通过 5 GHz 频带进行通信,理论上能够提供超过 1 Gb/s 的传输速率。

Wi-Fi 技术在移动设备上的应用非常广泛，包括智能手机、掌上电脑等。Wi-Fi 技术使用的波段是免费的，它提供了一个在全世界范围内可以使用的、费用极其低廉且数据带宽极高的无线空中接口。用户可以在 Wi-Fi 接口覆盖区域内快速浏览网页，随时随地接听/拨打电话。其他一些基于 Wi-Fi 技术的宽带数据应用(如流媒体、网络游戏等)更是受到用户的欢迎。越来越多的嵌入式系统使用 Wi-Fi 接口作为无线控制和数据传输的主要接口。

3. LCD 接口

液晶显示屏(liquid crystal display，LCD)是平板显示器件中的一种，具有低工作电压、微功耗、无辐射、体积小等特点，被广泛应用于各种各样的嵌入式产品中，如手机、掌上电脑、数码相机等。

LCD 按显示原理，可分为扭曲向列型(twisted nematic，TN)、超扭曲向列型(super twisted nematic，STN)、薄膜晶体管型(thin film transistor，TFT)等；按照显示颜色的多少，可分为单色屏、16 级灰度屏、256 级灰度屏、16 色屏、256 色伪彩色屏、TFT 真彩色屏等。

TFT LCD 是目前应用较多的 LCD，其刷新速度快，拥有较高的色彩对比度和颜色饱和度。有机发光二极管(OLED)是一种新型的屏幕技术，它采用非常薄的有机材料涂层和玻璃基板，当有电流通过时，这些有机材料就会发光，非常省电且无须背光灯，具有自发光特性。AMOLED 屏是主动矩阵与 OLED 技术的融合。与传统的液晶面板相比，AMOLED 屏具有反应速度较快、对比度更高、视角较广等特点。

嵌入式系统处理器通过内置的 LCD 控制器来驱动 LCD。通过程序配置 LCD 控制器内的一系列寄存器，可将来自内存储器的显示帧缓冲区(frame buffer)中的图像数据输出到 LCD。

2.2　嵌入式软件系统

嵌入式软件系统包括嵌入式操作系统、嵌入式系统中间件、嵌入式图形系统、嵌入式应用软件等，其核心是嵌入式操作系统。近年来，嵌入式软件得到飞速发展，支持的处理器字长从 8 位、16 位、32 位发展到 64 位，从支持单一类型的处理器发展到支持多种不同体系结构的嵌入式处理器，从简单的任务控制发展到支持复杂功能模块(如文件系统、TCP/IP 网络协议栈、图形系统等)，已经形成了包括嵌入式操作系统、中间平台软件、嵌入式应用软件在内的嵌入式软件生态链。随着硬件技术的进步，嵌入式软件正向运行速度更快、支持功能更强、应用开发更便捷的方向发展。

2.3　嵌入式系统的开发流程

与桌面系统相比，嵌入式系统的开发过程更加烦琐，因为嵌入式系统在满足应用功能要求的同时，还必须满足成本、性能、功耗、开发周期等其他要求。大多数嵌入式系统开发需要一个开发团队中的各成员相互协作来完成，要求开发人员必须遵循一定的设计原则，明确分工并积极沟通。嵌入式系统在开发过程中容易受到各种各样的内部因素和外部因素的影响，因此，良好的设计方法在其开发过程中是必不可少的。嵌入式系统的开发流程和软件系统的设计流程非常相似，通常包括系统需求分析、体系结构设计、软/硬件协同设计、系统集成和系统测试，如图 2.3 所示。

(1) 系统需求分析的目的是确定设计任务和设计目标，并提炼出设计规格说明书。该说明书将作为正式设计的指导和验收的标准，并提供严格、规范的技术要求说明。系统的需求一般分为功能性需求和非功能性需求两方面。功能性需求是系统的基本功能，如输入输出信号类型、操作方式等；非功能性需求包括性能要求、成本、功耗、体积、重量等。

(2) 体系结构设计描述系统如何实现所述的功能性需求和非功能性需求，包括对硬件、软件和执行装置的功能划分，以及系统的软件、硬件选型等。好的体系结构是设计成功的关键，在这一步往往需要选定主要的芯片，确定RTOS，确定编程语言，选择开发环境，确定测试工具和其他辅助设备。

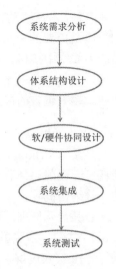

图 2.3 嵌入式系统的开发流程

(3) 软/硬件协同设计是指基于体系结构，对系统的硬件、软件进行详细的设计。为了缩短产品开发周期，软件与硬件的设计往往是并行的。协同设计的工作大部分都集中在软件设计上，采用面向对象技术、软件组件技术和模块化设计方法是现代软件工程经常采用的手段。

(4) 系统集成是指把系统的软件、硬件和执行装置集成在一起进行调试，在调试过程中发现并改进单元设计中的错误。

(5) 系统测试是指对设计完成的系统进行测试，检查其是否满足设计规格说明书中确定的功能要求。嵌入式系统开发流程最大的特点是软件和硬件联合开发，这是因为嵌入式产品是软件和硬件的结合体，软件是针对硬件来设计和优化的。因此，嵌入式系统的测试往往是软件和硬件联合测试。

第3章 软件开发环境的搭建

本章学习目标

1. 掌握 Keil μVision5 软件的安装过程。
2. 掌握 STM32CubeMX 软件的安装过程。
3. 熟悉 STM32CubeMX 的使用。
4. 了解驱动库的分类。

3.1 MDK-Keil μVision

3.1.1 MDK-Keil μVision 简介

Keil 是美国 Keil Software 公司出品的一款 IDE(集成开发环境)，其一经推出便在 8051 系列单片机的开发过程中得到了广泛的应用。2005 年，ARM 公司收购了 Keil Software 公司，并推出了支持 ARM 设备的开发工具，统称为微控制器开发套件(microcontroller developer kit，MDK)。

MDK-ARM 包含了工业标准的 Keil C 编译器、宏汇编器、调试器、实时内核等组件，具有行业领先的 ARM C/C++编译工具链，完美支持 Cortex-M、Cortex-R4、ARM7 和 ARM9 系列器件，包含世界上的品牌芯片，如 ST、Atmel、Freescale、NXP、TI 等众多大公司微控制器芯片。MDK 为基于微控制器的嵌入式系统推出了一个完善的开发环境，它易学且功能强大。

ARM 公司有一系列的集成开发环境用于支持不同类型的 ARM 处理器，这些集成开发环境包括 DS-5、Keil MDK 和 DS-MDK 等。其中，DS-5 基于著名的 Java 集成开发环境 Eclipse 打造而成，是面向高性能处理器的调试环境，主要用来调试 Linux 和 Android 这类嵌入式操作系统应用。Keil MDK 主要面向微控制器应用领域，集成了 CMSIS，适合于调试基于微控制器和实时操作系统的应用。DS-MDK 是将 DS-5 的集成界面和 CMSIS 软件包整合在一起的集成开发环境，用于调试基于 Cortex-A 系列的处理器，尤其同时适用 Cortex-A 和 Cortex-M 架构的多核处理器。

Keil MDK 有 4 个可用版本，分别是 MDK-Lite、MDK-Cortex-M、MDK-Plus 和 MDK-Professional，各个版本的功能和授权策略稍有差异。其中，MDK-Lite 为评估版本，可免费下载试用，但 MDK-Lite 版本限制了编译后的代码不能超过 32 KB。MDK-Professional 则是功能最为完整的版本，该版本需要授权后才能使用。Keil MDK 包括 MDK Tools 和 Software Packs 两个部分，如图 3.1 所示。

MDK Tools 主要包含μVision IDE 集成开发界面、ARM Compiler 5 和 Pack Installer。μVision5 IDE 集成开发界面提供了多个编辑和调试程序的窗口，旨在提高开发人员的编程效率，实现更快、更有效的程序开发。ARM Compiler 5 是交叉编译器，它整合了 C/C++编译器、汇编器和链接器，并对 ARM 处理器做了特别优化。Pack Installer 是 Keil MDK 第 5 版新加入的包安装工具，是集成了安装、升级和卸载软件包功能的工具软件。Pack Installer 能够在无须重新安装 MDK 软件的前提下实现 MDK 各种板级支持包和中间件的管理(包括下载、移除和更新)。

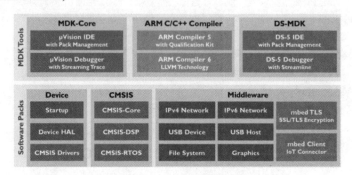

图 3.1 Keil MDK 的结构

Software Packs 包含了 MDK 中整合的各种软件包，包括板级支持包、CMSIS 库、中间件和程序模板等，同时还集成了 TCP/IP 协议栈。

3.1.2 MDK-Keil μVision5 软件的安装

以往的 MDK 把所有组件都包含到一个安装包里，显得十分"笨重"；MDK5 则不一样，MDK Core 是一个独立的安装包，它并不包含器件支持和设备驱动等组件，但是一般都会包括 CMSIS 组件，其大小为 350 MB 左右，相较于 MDK4.70A 的 500 MB 瘦身不少。MDK5 安装包可以在 http://www.keil.com/demo/eval/arm.htm 网址下载。而器件支持、设备驱动、CMSIS 等组件，则可以单击 MDK5 的 Build Toolbar 的最后一个图标，调出 Pack Installer 来进行各种组件的安装；也可以在 http://www.keil.com/ dd2/pack 网址下载，然后进行安装。下面简单介绍安装步骤。

(1) 按官网地址下载最新版本的软件，双击安装包，进入图 3.2 所示的安装向导界面，单击 Next 按钮，弹出图 3.3 所示的 License Agreement 界面，勾选 I agree to...复选框，然后单击 Next 按钮。

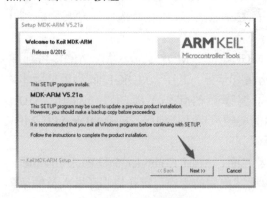

图 3.2 安装向导界面

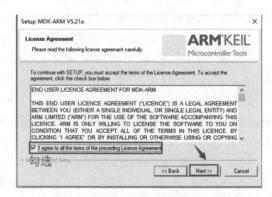

图 3.3 License Agreement 对话框

(2)　进入安装路径选择界面，如图 3.4 所示。这里选择的是 F 盘，若读者的硬盘资源充裕，则建议安装在 C 盘中，运行速度会快一些。注意：如果之前安装了 Keil C51 环境，安装 Keil MDK 时可以放到同一个文件夹下，这样 Keil V4.0 就能同时支持 C51 芯片了。选择好安装路径之后单击 Next 按钮。

图 3.4　安装路径界面

(3)　进入输入用户信息界面，如图 3.5 所示。个人用户信息填写完成后，单击 Next 按钮。

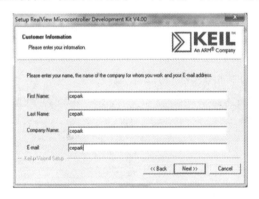

图 3.5　填写用户信息界面

(4)　安装结束后，弹出如图 3.6 所示的界面，单击"安装"按钮。该界面为询问是否需要安装 ULINK 仿真器驱动。安装完成后，单击 Finish 按钮继续剩余的安装过程。

图 3.6　安装 ULINK 驱动

(5)　安装器件支持包。

Keil MDK-ARM V5 和 Keil MDK-ARM V4 的安装区别在于，Keil MDK-ARM V5 需要自己安装器件支持包，而 Keil MDK-ARM V4 则不需要安装。其安装方法有两种，即在线安装与离线安装。

① 在线安装支持包。在线安装就是利用安装好的软件自动下载支持包。单击图 3.7 所示的"安装支持包"图标。

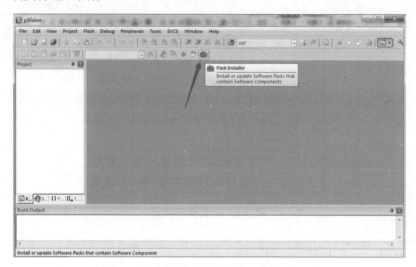

图 3.7　在线安装支持包界面

如果安装完软件之后没有更新列表，使用这种方式安装支持包就需要更新列表；否则，将看不到图 3.8 所示的设备(Devices)。

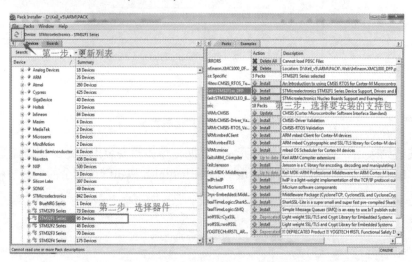

图 3.8　Pack Installer 运行界面

② 离线安装支持包。所谓离线安装支持包，就是下载支持包自己安装，可以在 Keil 官网下载对应芯片的支持包。

安装好 Keil MDK-ARM V5 软件之后，支持包的路径就已经有了，当双击下载的支持包后，路径是固定的(与之对应，不能修改)，如图 3.9 所示，单击 Next 按钮即可安装支持包。这一过程很快，最后单击 Finish 按钮完成安装。

图 3.9　离线安装支持包

3.2　STM32CubeMX

3.2.1　STM32CubeMX 概述

STM32CubeMX 是意法半导体(ST)公司提供的一套性能强大的免费开发工具和嵌入式软件模块，能够让开发人员在 STM32 平台上快速、轻松地开发与应用。STM32CubeMX 不仅支持全系列的 STM32 微控制器，而且能够自动生成微控制器中各功能模块的初始化和配置代码，这些代码中还包含了开发示例、中间件和硬件抽象层。STM32CubeMX 将开发人员从烦琐的参数配置过程中解放出来，提高了软件开发的效率。开发人员既可以选择跳过 STM32CubeMX，直接使用 SPL、HAL 或 LL 库来编写程序；也可以使用 STM32CubeMX 辅助生成部分代码，并在此基础上进行添加和修改。

STM32CubeMX 使用图形化的方式来配置各个模块的参数，包括设置芯片引脚功能、处理引脚冲突、设置时钟树、配置外设参数和选择中间件等。STM32CubeMX 导出的项目文件支持常见的集成开发环境(如 IAR、Keil、GCC 等)，非常适合初学者使用。

STM32CubeMX 包含两个关键部分，即图形化配置界面和 STM32 软件包。其中，STM32 软件包内含完整的 HAL 库、LL 库、中间件(包括 TCP/IP、USB、GUI、文件系统和 RTOS)以及各种外设的例程等。

3.2.2　STM32CubeMX 的安装

安装 STM32CubeMX 共需要三款软件，即 JRE(java runtime environment，Java 运行环境)、STM32CubeMX 和 HAL 库。

1. 安装 JRE

由于 STM32CubeMX 软件是基于 Java 环境运行的，所以需要安装 JRE 才能使用，Java 运行环境可在官网 https://www.java.com/en/download/manual.jsp 下载。获得 Java 运行环境的安装界面如图 3.10 所示，单击"安装"按钮，直到安装完成。

2. 安装 STM32CubeMX

当安装好 JRE 后，进入 ST 公司的官网 http://www.st.com/stm32cubemx 下载最新的

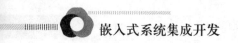

STM32CubeMX 安装包，下载完成后打开如图 3.11 所示的安装包，单击 Next 按钮。

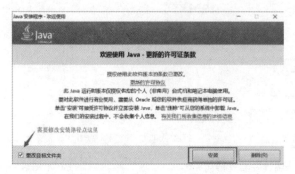

图 3.10　Java 运行环境安装界面　　　　图 3.11　STM32CubeMX 软件安装包

在进入安装界面之后，ST 公司要收集个人信息，如图 3.12 所示，勾选第一个复选框并单击 Next 按钮。

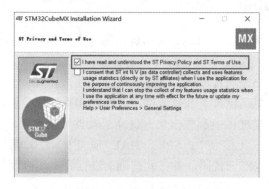

图 3.12　安装信息界面

进入图 3.13 所示的对话框，Warning 对话框提示安装本软件可能会与文件夹之前的文件冲突，导致文件夹之前的文件丢失，是否继续，单击 Yes 按钮。会进入图 3.14 所示的安装配置界面，直接单击 Next 按钮，其他不用设置，之后开始安装。

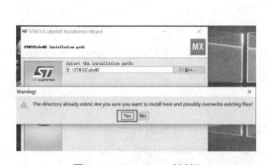

图 3.13　Warning 对话框　　　　　　图 3.14　安装配置界面

最后，进入图 3.15 所示的界面，表明 STM32CubeMX 已安装成功。

图 3.15　STM32CubeMX 安装成功界面

3. 安装 HAL 库

STM32 HAL 库是 ST 公司为 STM32 的 MCU 新推出的抽象层嵌入式软件，以更方便地实现跨 STM32 产品的最大可移植性。HAL 库的安装有在线安装和离线安装两种方式。

(1) 在线安装。

打开安装好的 STM32CubeMX 软件，选择 Help→Manage embedded software packages 菜单命令，如图 3.16 所示。

图 3.16　选择 Manage embedded software packages 菜单命令

打开如图 3.17 所示的 HAL 库安装界面，单击 Install Now 按钮，直到安装成功。

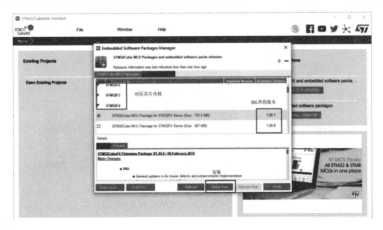

图 3.17　HAL 库在线安装界面

(2) 离线安装。

离线安装需要下载安装包，可通过 ST 官方网站下载如图 3.18 所示的安装包。

图 3.18　HAL 库离线安装界面

根据自己的设备选择对应的安装包进行安装即可。

对于在线安装与离线安装，建议大家选择在线安装，因其速度快且比较稳定。

3.2.3　STM32CubeMX 的使用

1. 开始界面

启动 STM32CubeMX 后的开始界面如图 3.19 所示。开始界面右侧的区域是 STM32CubeMX 软件包的管理界面，这个区域用来管理 STM32CubeMX 软件包的更新、安装和移除。

图 3.19　STM32CubeMX 开始界面

STM32CubeMX 开始界面左侧的区域用于打开既有工程或者新建工程，如图 3.20 所

示。如果要新建项目，选择 File→New Project 菜单命令，将打开 MCU 选择窗口，如图 3.21
所示。

图 3.20　STM32CubeMX 创建项目

在图 3.21 所示的界面中，左侧区域用来筛选项目中使用的 MCU 型号，有 3 种选择方
式：在 MCU/MPU Selector 选项卡中，可根据 MCU 的架构、类型、封装或价格等多种条
件进行筛选；在 Board Selector 选项卡中，可根据开发板型号进行筛选；在 Cross Selector
选项卡中，可根据 MCU 生产厂家和产品系列进行筛选。以 MCU/MPU Selector 选项卡为
例，开发人员可以根据 MCU 的架构、类型、封装或价格等多种条件进行筛选，在右侧区
域将会列出符合筛选条件的 MCU 型号和参数。选择完成之后，单击图 3.21 右上角的 Start
Project 按钮，进入参数设置界面。

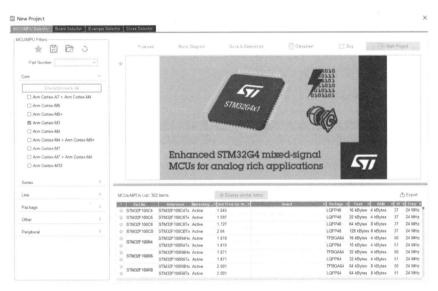

图 3.21　MCU 选择窗口

2. 参数设置

参数设置界面包含 4 个选项卡，分别是 Pinout & Configuration、Clock Configuration、

Project Manager 和 Tools，如图 3.22 所示。下面介绍几个选项卡的功能，其中，Tools 选项卡主要用于功耗分析，此处暂不介绍。

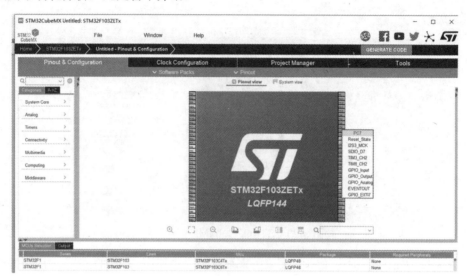

图 3.22　STM32CubeMX 参数设置界面

1)　Pinout & Configuration 选项卡

Pinout & Configuration 选项卡用于 MCU 引脚功能选择和外设参数配置。在图 3.22 所示的界面中，左侧区域为 MCU 中的外设列表，开发人员可以从中选择想要配置参数的外设。中间区域为选中外设参数的配置界面。右侧区域用于选择 MCU 引脚功能，在 MCU 引脚图中选中想要配置的引脚之后，界面中就会列出选中引脚支持的功能模式。

2)　Clock Configuration 选项卡

该选项卡用于配置时钟参数，如图 3.23 所示。此外，还可以配置 MCU 的时钟源、PLL 参数以及各总线的时钟速度。

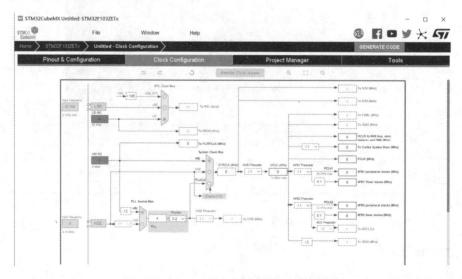

图 3.23　STM32CubeMX 时钟树配置界面

3)　Project Manager 选项卡

Project Manager 选项卡是工程配置界面，其中包括 Project、Code Generator 和 Advanced Settings 三个子界面。

(1) Project 子界面。该子界面用于配置工程名称、工程存放路径、IDE 及编译软件、堆和栈的大小等，如图 3.24 所示。其中，Toolchain/IDE 选项区域用于选择 STM32CubeMX 导出的工程文件支持何种集成开发环境。比如，选择 MDK-ARM V5 选项，表示导出的工程文件适合于 Keil MDK 集成开发环境。

图 3.24　Project 子界面

(2) Code Generator 子界面。该子界面用于设置代码的生成方式，如图 3.25 所示。

图 3.25　Code Generator 子界面

图 3.25 中的 STM32Cube MCU packages and embedded software packs 选项区域包括三个选项。

① 如果选中 Copy all used libraries into the project folder 单选按钮,那么在导出工程文件时将复制所有的库(CMSIS 库和 HAL 库)文件,而不管这些库文件是否在该工程文件中使用。在项目开发过程中,当 MCU 的所有外设模块都会用到时,或者当暂不能确定哪些外设将来会用到时,可以选中该单选按钮。

② 如果选中 Copy only the necessary library files 单选按钮,那么在导出工程文件时只复制用到的库文件,由于复制的库文件较少,因此,在项目开发过程中如果添加了新的外设模块,那么需要重新导出库文件。

③ 如果选中 Add necessary library files as reference in the toolchain project configuration file 单选按钮,那么不复制任何库文件,而只是将库文件的路径添加到工程中。

(3) Advanced Settings 子界面。该子界面用于确定每个外设模块选用哪种库(HAL 库或 LL 库)函数,界面的下方列出了一些自动生成函数的相关信息,如图 3.26 所示。

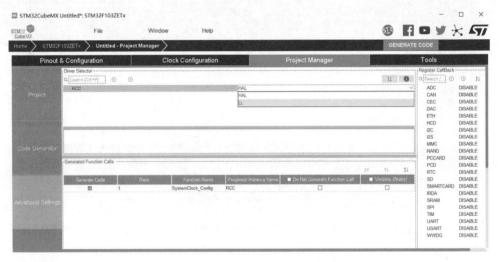

图 3.26　Advanced Settings 子界面

3. 导出工程文件

MCU 参数和工程参数配置完成之后,单击主界面右上角的 GENERATE CODE 按钮,STM32CubeMX 会导出 STM32 项目的工程文件到指定的目录中。假设在 Toolchain/IDE 选项区域选择的是 MDK-ARM V5,那么导出的工程文件夹中的内容如图 3.27 所示。

图 3.27　导出的工程文件夹中的内容

(1) Drivers 目录中存放的是 HAL 库或 LL 库文件以及 CMSIS 库相关文件。

(2) HAL 库包括 Inc 和 Src 两个目录。其中,Inc 中存放的是与工程相关的头文件,Src 中存放的是源文件。

(3) MDK-ARM 目录中存放的是 MDK 项目文件，包括引导文件、MDK 工程文件 (*.uvprojx)等。双击其中的 MDK 工程文件，可在 Keil MDK 集成开发环境中打开 MDK 工程文件，如图 3.28 所示。

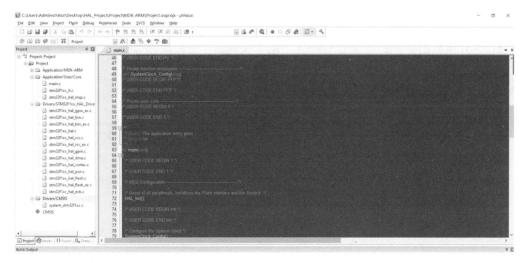

图 3.28　使用 Keil MDK 打开工程文件

(4) Core 目录中存放的是与项目有关的其他源文件，如用户编写的代码。

(5) Project 是 STM32CubeMX 工程文件，双击后可在 STM32CubeMX 中打开。

4. 工程文件的结构

在 Keil MDK 集成开发环境中打开 STM32CubeMX 导出的工程文件，工程文件的结构如图 3.28 中界面左边的树状图所示。下面对其中各个分组的用途进行解释。

(1) Application/MDK-ARM 分组中包含启动文件 startup_stm32f103xx.s。

(2) Application/User/Core 分组中包含用户编写的源文件，以及由 STM32CubeMX 生成但需要用户修改的源文件，如 STM32CubeMX 自动生成的 main.c 和 stm32f1xx_it.c 文件。

(3) Drivers/STM32F4xx_HAL Driver 分组中包含了与项目相关的 HAL 库文件。

在 STM32CubeMX 自动生成的源文件中，预留了大量供用户填写代码的区域，它们是通过 USER CODE BEGIN 和 USER CODE END 来进行标注的。

(4) Drivers/CMSIS 分组中包含的文件 system_stm32f1xx.c 提供了在 CMSIS 层对微控制器进行初始化所需的函数。

用户可以在预留区域内配对的 USER CODE BEGIN 和 USER CODE END 之间添加代码，当 STM32CubeMX 再次导出工程文件时，预留区域内的代码将被保留下来。

分析 STM32CubeMX 导出的项目文件中的源文件可知，微控制器复位后将从 startup_<device>.s 开始运行，最后跳转至 main.c 文件中的 main 函数并执行用户程序。这些代码完成了微控制器复位后最主要的工作，包括设置中断向量表和中断处理程序、配置时钟和 IO 端口、根据配置参数初始化各个外设等，这些初始化工作完成后，微控制器将处于稳定的工作状态。

3.3 STM32 设备驱动库

3.3.1 库开发与寄存器开发的关系

51 单片机使用的是寄存器开发方式，那么 STM32 固件库在开发中应该怎么做呢？下面将通过一个简单的例子来介绍 STM32 固件库到底是什么，它和寄存器开发有什么关系。其实一句话就可以概括：固件库就是函数的集合，固件库函数的作用是向下负责与寄存器直接打交道，向上提供用户函数调用的接口(API)。

在 51 单片机的开发中经常的做法是直接操作寄存器。比如，要控制某些 IO 端口的状态，直接操作寄存器：

```
P0=0x11;
```

而在 STM32 的开发中，同样可以操作寄存器：

```
GPIOF->BSRR=0x00000001;
```

这里是针对 STM32F1 系列。这种方法当然可以，但是这种方法的缺点是只有掌握每个寄存器的用法，才能正确地使用 STM32，而对于 STM32 这种级别的 MCU，数百个寄存器记起来又是谈何容易？于是 ST 公司推出了官方固件库，固件库将这些寄存器底层操作都封装起来，提供一整套接口(API)供开发者调用。大多数场合下，不需要知道操作的是哪个寄存器，只需要知道调用哪些函数即可。

比如，前文的控制 BSRR 寄存器实现电平控制，官方 HAL 库封装了一个函数：

```
void HAL_GPIO_WritePin(GPIO_TypeDef* GPIOx, uint16_t GPIO_Pin,
GPIO_PinState PinState)
{
assert_param(IS_GPIO_PIN(GPIO_Pin));
assert_param(IS_GPIO_PIN_ACTION(PinState));
if(PinState !=GPIO_PIN_RESET)
{
GPIOx->BSRR=GPIO_Pin;
}
else{
GPIOx->BSRR=(uint32_t)GPIO_Pin<<16;}}
```

这时不需要再直接操作 BSRR 寄存器了，只需要知道怎么使用 HAL_GPIO_WritePin 函数就可以了。在对外设的工作原理有一定的了解之后，再去看固件库函数，基本上通过函数的名字就能大致知道这个函数的功能是什么、该怎么使用，这样可使软件开发方便很多。

任何处理器，不管它有多么高级，归根结底都是要对处理器的寄存器进行操作。但是固件库不是万能的，如果想要把 STM32 研究透，光读 STM32 固件库是远远不够的，还需要了解一下 STM32 的原理，了解 STM32 各个外设的运行机制。只有了解了 STM32 的原理，在进行固件库开发过程中才可能得心应手，做到"知其然知其所以然"。因此，在学习库函数的同时，别忘了要了解一下寄存器的大致配置过程。

3.3.2　STM32 驱动库的简介与分类

前文叙述过 CMSIS 的作用及主要功能组件。CMSIS 提供的 API 函数面向 Cortex 架构，函数功能比较底层，支持的外设种类也有限。不同厂商生产的微控制器通常会在 Cortex 架构的基础上做一些定制，开发人员如果在嵌入式项目开发中仅使用 CMSIS 提供的 API 函数，那么仍然需要做大量的二次开发工作，这样将影响开发效率。为了方便开发人员，各个微控制器芯片生产厂家会在 CMSIS 的基础上做进一步封装，以提供针对自身产品的软件开发工具和设备驱动函数库。

习惯上将厂家为某特定型号处理器提供的设备驱动函数库称为固件库。固件库为处理器的每个外设定义了一套 API 函数，通常这些 API 函数的名称和参数都是标准化的，在同一厂商的同系列产品中兼容。固件库中既包括驱动程序、数据结构的定义和宏定义等，也包括一些示例程序。开发人员无须深入了解固件库的实现细节，只要学会调用这些 API 函数就可以轻松地配置每一个外设。固件库的引入降低了软件编程难度，缩短了软件开发的时间，同时减小了移植难度。站在系统设计的角度，硬件抽象程度较高的固件库能将处理器迭代升级，或相互替换时把对应软件产生的影响降到最小。

ST 公司为 STM32 系列微控制器芯片提供了配套的固件库。由于 STM32 系列覆盖十余种微控制器产品线，而这些微控制器之间的性能差异可能很大，因此很难兼顾固件库的运行效率和可移植性：直接操作硬件寄存器的代码运行效率高，但通用性较低；硬件抽象程度高的代码可移植性好，但运行效率会降低。为了应对上述矛盾，ST 公司提供了固件库供开发人员选择，主要有 SPL(standard peripheral libraries，标准外围设备库)、HAL 和 LL。

1. SPL 库

SPL 库是前文介绍的"标准库"，它与 CMSIS 标准兼容，其中包含的所有设备驱动的源代码都符合 Strict ANSI-C 标准。SPL 库较好地实现了效率优化，其中包含了几十种常用外设的驱动，实现了 USB、TCP/IP 等协议栈的扩展，并且为几种常用的集成开发环境提供了工程模板。SPL 库也存在一定的不足，由于 SPL 库中的设备驱动都针对特定系列的微控制器，这就导致 SPL 库在不同 STM32 系列之间的可移植性并不好，ST 公司已经不再为 L0、L4、F7 等较新的 STM32 器件子系列提供 SPL 库。由于 SPL 库在前文已经介绍过，这里不再详细介绍。

2. HAL 库

HAL 库是 ST 公司为 STM32 系列微控制器提供的嵌入式中间件，用来取代之前的 SPL 库。HAL 库包含的 API 函数更关注各个外设的共性功能，其中定义了一套通用的、用户友好的 API 函数接口，从而使开发人员可以轻松地将代码从一个 STM32 系列移植到另一个 STM32 系列。HAL 库具有以下特点。

(1) 通用的 API 函数覆盖了常用的外设，扩展的 API 函数可支持特殊的外设，这些 API 函数实现了跨微控制器型号兼容。

(2) 设备驱动支持三种编程模式，即轮询、中断和 DMA。

(3) API 函数与 RTOS 兼容。

(4) 支持多个进程同时访问外设。

(5) 所有 API 函数都实现了用户程序回调功能。

(6) 提供了对象锁定功能，以避免共享设备出现访问冲突。

(7) 为阻塞式进程访问设备提供了超时功能。

(8) 提供了 USB、TCP/IP、Graphics 等中间件。

HAL 库较好地实现了硬件抽象化，具有很好的 RTOS 兼容性，确保了上层应用软件在 STM32 系列微控制器之间的可移植性，节约了软件开发的时间。同时，HAL 库基于 BSD 许可协议开放了源代码。基于以上优势，HAL 库是 STM32 项目开发中主推的固件库。

HAL 库也有不足之处：相同功能的 HAL 库程序与 SPL 库程序相比，HAL 库代码在编译后会占用更多的存储空间，执行效率也不如后者，因此，HAL 库不适合应用于 Cortex-M0/L0 这类低端微控制器。

3. LL 库

LL 库更接近硬件层，提供了寄存器级别的访问，代码更为精简，并且提高了编译后的执行效率。LL 库为上层应用软件对外设进行访问提供了一些硬件服务，这些硬件服务反映了各个外设的硬件功能，并且依据微控制器的编程模型为必要的外设访问提供了原子操作。LL 库中的服务在运行时不是独立的进程，不需要任何额外的存储器资源来保存处理器状态、计数器和数据指针，因此具有较高的执行效率。

3.3.3 固件库的选择

ST 公司提供的固件库各有优缺点。STM32 芯片面市之初只提供了丰富、全面的标准库，大大便利了用户程序开发，为广大开发者所推崇，同时也为 ST 公司积累了大量标准库的使用者。

2014 年前后，ST 公司在标准库的基础上又推出了 HAL 库。实际上，HAL 库和标准库在本质上是一样的，都是提供底层硬件操作 API，而且在使用上也是大同小异。

LL 库是为特定的 STM32 微控制器型号定制的，不同系列之间无法直接共享代码，同时也不支持功能复杂的外设(如 USB、FSMC、SDMMC 等)。所以，开发人员在使用 LL 库时需要理解外设在寄存器级别执行的操作。在 STM32 项目开发中，既可以单独使用 LL 库，也可以将 LL 库和 HAL 库配合使用。

那么有人不禁要问，是使用 HAL 库、SPL 库(标准库)，还是 LL 库好呢？

在 STM32 项目开发中通常选用 HAL 库。如果追求更高的代码执行效率，并且不考虑可移植性，那么可以选用 LL 库。下面通过一个简单的案例来对比 HAL 库、SPL 库和 LL 库中函数之间的差异。假设要在 STM32F1 微控制器的 PF9 引脚上输出低电平，而在 PF10 引脚上输出高电平，这 3 种库的实现代码分别如下。

(1) HAL 库代码：

```
HAL_GPIO_writePin(GPIOF,GPIO_PIN_9,GPIO_PIN_RESET);    //PF9 输出低电平
HAL_GPIO_writePin(GPIOF,GPIO_PIN_10,GPIO_PIN_SET);     //PF10 输出高电平
```

(2)　SPL 库代码：

```
GPIO_ResetBits(GPIOF,GPIO_PIN_9);          //PF9 输出低电平
GPIO_SetBits(GPIOF,GPIO_PIN_10);           //PF10 输出高电平
```

(3)　LL 库代码：

```
LL_GPIO_ResetoutputPin(GPIOF,GPIO_PIN_9,); //PF9 输出低电平
LL_GPIo_SetoutputPin(GPIOF,GPIO_PIN_10);   //PF10 输出高电平
```

从上述代码可以看出，HAL 库代码的抽象程度较好，只使用了一个函数，GPIO 引脚的输出电平是通过函数参数来控制的。SPL 库和 LL 库用到了两个不同的函数，LL 库采用了与 SPL 库相似的 API 函数名称和参数类型。

其实，HAL 库、SPL 库及 LL 库都非常强大，对于目前 SPL 库支持的芯片采用 SPL 库开发也非常方便、实用。大家不需要纠结自己学的是 HAL 库还是 SPL 库，无论使用哪种库，只要理解了 STM32 的本质，任何库都是一种工具，使用起来都非常方便。学会了一种库，另外一种库也非常容易上手，程序开发思路也非常容易转变。在后续的开发中根据自己的需要选择固件库。其实不管选择哪种固件库进行开发，重要的是掌握开发思路，这样才能在项目开发中得心应手。

第2篇

集成开发篇

第4章 µC/OSⅡ嵌入式实时操作系统

本章学习目标

1. 掌握操作系统任务概念及应用，能设计操作系统任务完成某项功能。
2. 掌握操作中断概念及应用，能设计中断程序并合理管理中断。
3. 掌握操作系统 ECB 概念及应用，懂得初始化事件控制块。
4. 掌握操作系统消息、信号量、互斥信号量的的概念及应用，能够利用消息、信号量、互斥信号量传输信息。
5. 掌握操作系统内存概念及应用，能合理分配内存，特别是堆栈大小等。
6. 能够将本章知识点综合应用到实际项目中去。

4.1 µC/OSⅡ嵌入式实时操作系统概述

嵌入式操作系统是指应用在嵌入式系统的操作系统，它具有一般操作系统的功能，同时具有嵌入式操作系统软件的特点，主要有可固化、可配置、可裁剪、独立的板级支持包，可修改、不同的 CPU 有不同的版本、应用开发需要有集成的交叉开发工具。

µC/OSⅡ是一个抢占式实时多任务内核。它是用 ANSI 的 C 语言编写的，包含一小部分汇编语言代码，使之可以提供给不同架构的微处理器使用。至今，从 8 位到 64 位，µC/OSⅡ已经在 40 多种不同架构的微处理器上使用。使用 µC/OS 的领域包括照相机行业、航空业、医疗器械、网络设备、自动提款机及工业机器人等。目前，最新的是µC/OSⅡ版本。

µC/OSⅡ全部以源代码的方式提供，大约有 5500 行。CPU 相关的部分被独立出来，所以 µC/OSⅡ可以很容易地移植到不同架构的嵌入式微处理器上。

µC/OSⅡ的特点：开放源代码，可移植，可固化，可裁剪，可抢占性，可确定性，稳定性和可靠性。支持多任务、任务栈、系统服务、中断管理等。

µC/OSⅡ嵌入式操作系统的组成及主要程序代码如图 4.1 所示。

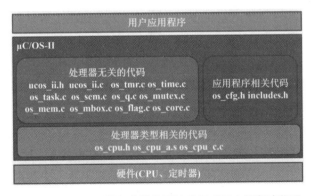

图 4.1 µC/OSⅡ嵌入式操作系统的组成及主要程序代码

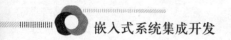

4.2 μC/OS Ⅱ实时操作系统的移植

在以前学习的例程中大多都不带操作系统，本节将带领大家进入 RTOS 的世界。关于 RTOS 类操作系统有很多，本书选取的是非常有名的 μC/OS 操作系统。在使用 μC/OS 之前，要先完成 μC/OS 在开发平台上的移植，本节只介绍如何在 ALIENTEK STM32F103 开发板(适用于 ALIENTEK 所有的 STM32F103 芯片的开发板)上移植 μC/OS Ⅱ操作系统，关于移植过程中要用到的文件会在 4.3 节中进行详细介绍。

4.2.1 移植准备工作

1. 准备基础工程

首先准备移植所需的基础工程，本书是在库函数版跑马灯实验的基础上完成的，基础工程就是跑马灯实验。战舰开发板使用战舰开发板的跑马灯实验，精英板使用精英板的跑马灯例程，Mini 板则使用 Mini 板的跑马灯例程。移植过程和使用过程与平台无关。也就是说，本书下面要讲的所有内容适配 ALIENTEK 的所有 STM32F103 开发板。

注意：如果是在 STM32Mini 板上移植 μC/OS Ⅱ，那么需要将 Mini 板中跑马灯实验工程下的 SYSTEM 文件夹替换成战舰 V3 中的 SYSTEM 文件夹，这一点特别重要。

2. μC/OS Ⅱ源代码下载

既然要移植 μC/OS Ⅱ，那么就应该有源代码，可以在 Micrium 官网上下载，下载地址是 https://micrium.atlassian.net/wiki/spaces，下载界面如图 4.2 所示，在 Micrium 官网下载软件需要注册账号。已经下载好的 μC/OS Ⅱ源代码放在网盘中，可以扫二维码下载。下载后的源代码放在路径：\6，软件资料\μCOS 学习资料\μCOS Ⅱ源码\Micrium\Software\μCOS-Ⅱ，下载的 Micrium.rar 解压后就是 μC/OS Ⅱ源代码，如图 4.3 所示。

图 4.2 μC/OS Ⅱ下载界面

图 4.3 μC/OS Ⅱ源代码

4.2.2 μC/OS Ⅱ 工程移植

1. 建立相应的文件夹

在工程目录下新建 UCOS Ⅱ 文件夹，并在 UCOS Ⅱ 文件夹中另外新建 3 个文件夹，即 CONFIG、CORE 和 PORT，如图 4.4 所示。

图 4.4　新建 UCOS Ⅱ 文件夹及其内部文件夹

2. 向 CORE 文件夹中添加文件

在 CORE 文件夹中添加 μC/OS Ⅱ 源代码，打开 μC/OS Ⅱ 源代码的 Source 文件夹，里面共有 14 个文件，除了 os_cfg_r.h 和 os_dbg_r.c 这两个文件外，将其他的文件都复制到 UCOS Ⅱ 文件夹中的 CORE 文件夹下，如图 4.5 所示。

名称	修改日期	类型	大小
os_core.c	2010/6/3 10:34	C 文件	87 KB
os_flag.c	2010/6/3 10:34	C 文件	55 KB
os_mbox.c	2010/6/3 10:34	C 文件	31 KB
os_mem.c	2010/6/3 10:34	C 文件	20 KB
os_mutex.c	2010/6/3 10:34	C 文件	37 KB
os_q.c	2010/6/3 10:34	C 文件	42 KB
os_sem.c	2010/6/3 10:34	C 文件	29 KB
os_task.c	2010/6/3 10:34	C 文件	57 KB
os_time.c	2010/6/3 10:34	C 文件	11 KB
os_tmr.c	2010/6/3 10:34	C 文件	44 KB
ucos_ii.c	2010/6/3 10:34	C 文件	2 KB
ucos_ii.h	2010/6/3 10:34	H 文件	78 KB

图 4.5　复制 μC/OS Ⅱ 源代码到 CORE 文件夹中

3. 向 CONFIG 文件夹中添加文件

在 CONFIG 文件夹中要添加两个文件，即 includes.h 和 os_cfg.h。这两个文件大家可以从本实验工程文件复制到自己的工程文件中，其中 includes.h 里面都是一些头文件，os_cfg.h 文件主要是用来配置和裁剪 μC/OS Ⅱ 的。将这两个文件复制到工程文件中，如图 4.6 所示。

图 4.6　CONFIG 文件夹的内容

4. 向 PORT 文件夹中添加文件

需要向 PORT 文件夹中添加 5 个文件，包括 os_cpu.h、os_cpu_a.asm、os_cpu_c.c、os_dbg.c 和 os_dbg_r.c。这 5 个文件可以从本实验的 PORT 文件夹中复制到自己的 PORT 文件夹中，复制完成后如图 4.7 所示。

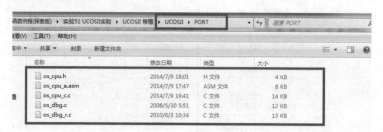

图 4.7　PORT 文件夹的内容

5. 将与 μC/OS Ⅱ 有关的文件添加到工程文件中

前文只是将所有的文件添加到工程目录的文件夹里，还没有将这些文件真正添加到工程文件中。在工程文件分组中建立 3 个分组，即 UCOS Ⅱ-CORE、UCOS Ⅱ-PORT 和 UCOS Ⅱ-CONFIG，建立完成后如图 4.8 所示。

向 UCOS Ⅱ-CORE 分组中添加 CORE 文件夹下除 UCOS Ⅱ.c 外的所有.c 文件，向 UCOS Ⅱ-PORT 分组中添加 PORT 文件夹下的 os_cpu.h、os_cpu_a.asm 和 os_cpu_c.c 这 3 个文件，最后向 UCOS Ⅱ-CONFIG 分组中添加 CONFIG 文件夹下的 includes.h 和 os_cfg.h 这两个文件，添加完成后工程文件如图 4.9 所示。

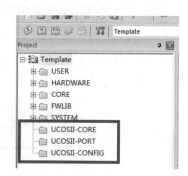

图 4.8　向工程文件中添加文件

注意：不要将 ucos_ii.c 文件添加到 UCOS Ⅱ-CORE 分组中；否则，编译以后会提示很多重复定义的错误。

最后添加相应的头文件路径，如图 4.10 所示。

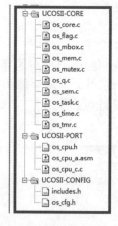

图 4.9　添加文件后的工程文件

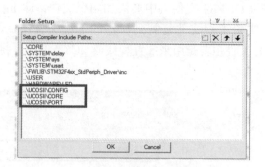

图 4.10　添加 μC/OS Ⅱ 相应的头文件

至此，就可以编译整个工程文件了，结果提示有很多错误，但基本都是图 4.11 所示的错误，提示不能打开 app_cfg.h 头文件。

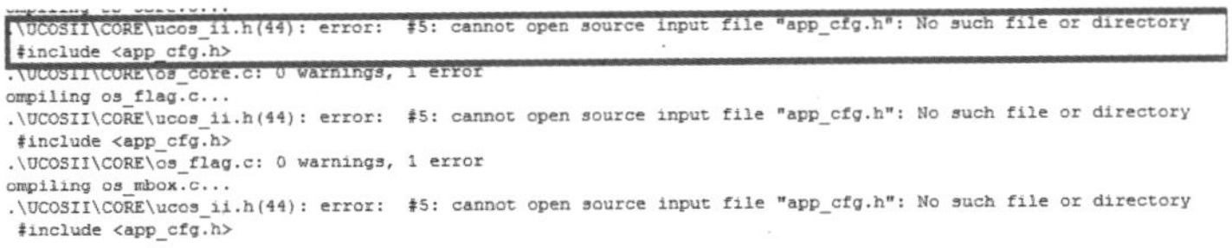

图 4.11　提示不能打开 app_cfg.h 头文件

此时，可以追踪是在哪里出现的错误，结果发现在 ucos_ii.h 头文件中添加了 app_cfg.h 头文件，而这个头文件并没有实现，所以这里将这行代码屏蔽掉，同时添加 includes.h 头文件，修改后的文件如图 4.12 所示。

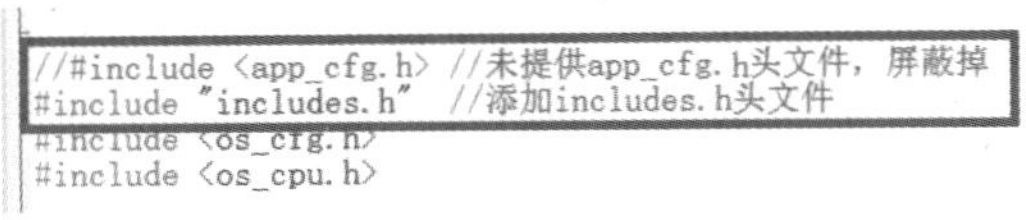

图 4.12　修改头文件

修改完成后再编译一下整个工程文件，还提示有错误，如图 4.13 所示，提示在 os_cpu_a.o 和 stm32f4xx_it.o 这两个文件中重复定义了 PendSV_Handler 中断服务函数，该函数将在后文介绍。

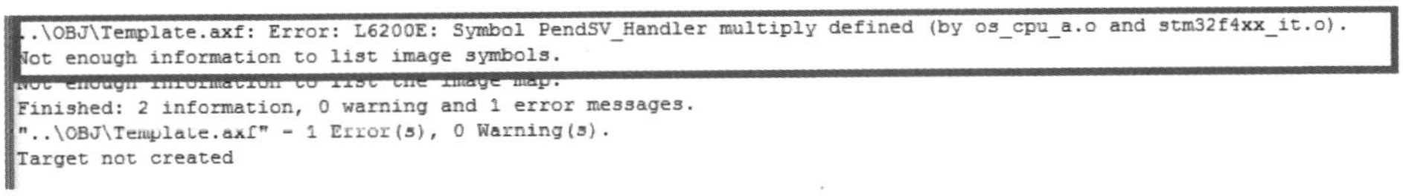

图 4.13　提示 PendSV_Handler 函数错误

打开 stm32f4xx_it.o 文件，将中断服务函数 PendSV_Handler 屏蔽掉，屏蔽后如图 4.14 所示，再编译一下工程文件，未发现错误，但是移植工程还没有成功。

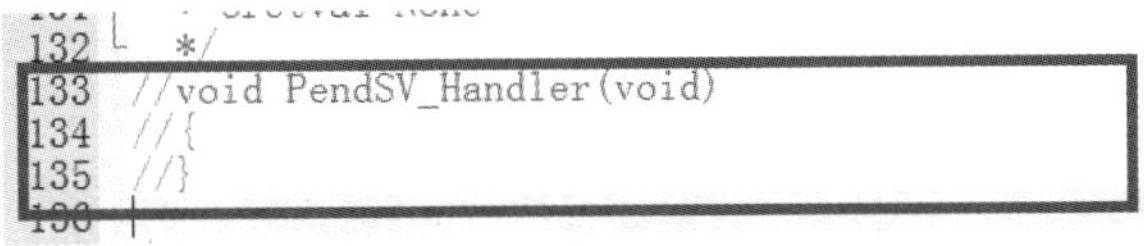

图 4.14　屏蔽掉 stm32f4xx_it.o 中的 PendSV-Handler 中断服务函数

6. 修改 sys.h 头文件

打开 sys.h 头文件，里面有一个 SYSTEM_SUPPORT_UCOS 宏定义。如果宏定义为 0，就不支持 μC/OS；如果将其修改为 1，则支持 μC/OS。

将 SYSTEM_SUPPORT_UCOS 定义为 1 后，编译一下工程文件，发现提示如图 4.15 所示的错误，提示在 stm32f4xx_it.o 和 delay.o 这两个文件中重复定义了 SysTick_Handler 中断服务函数，该函数将在后文介绍。

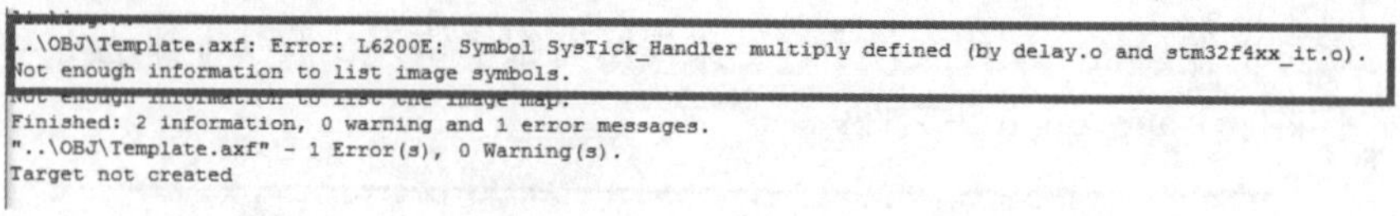

```
..\OBJ\Template.axf: Error: L6200E: Symbol SysTick_Handler multiply defined (by delay.o and stm32f4xx_it.o).
Not enough information to list image symbols.
Not enough information to list the image map.
Finished: 2 information, 0 warning and 1 error messages.
"..\OBJ\Template.axf" - 1 Error(s), 0 Warning(s).
Target not created
```

图 4.15　SysTick_Handler 中断服务函数被重复定义

同样，将 stm32f4xx_it.o 文件中的中断服务函数 SysTick_Handler 屏蔽掉，屏蔽后如图 4.16 所示。

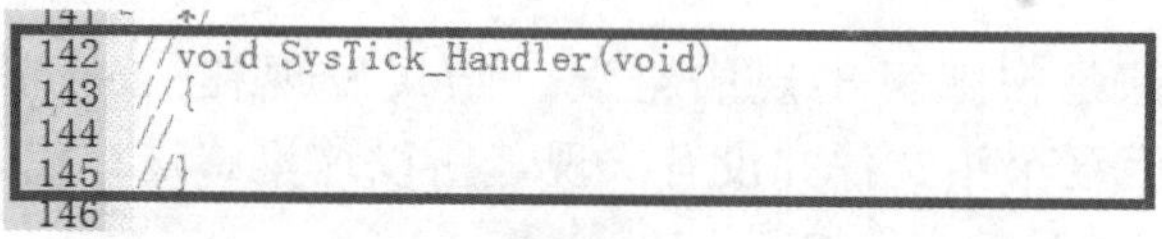

```
141   */
142   //void SysTick_Handler(void)
143   //{
144   //
145   //}
146
```

图 4.16　屏蔽掉中断服务函数 SysTick_Handler

屏蔽掉 SysTick_Handler 中断服务函数后再编译一下工程文件，发现没有错误了。如果发现还有错误，请自行根据错误类型进行修改。

4.2.3　软件设计

在完成了 μC/OS Ⅱ 在 STM32F103 的移植后，本小节来编写测试程序，检验移植是否成功。可建立 3 个简单的任务来测试一下。另外，这里还建立了一个 start_task 任务用来创建其他 3 个任务，main.c 里面的代码如程序清单 L4-1，完整工程文件详见"μC/OS Ⅱ 移植"。

程序清单 L4-1　main.c

```
//START 任务
//设置任务优先级
#define START_ TASK_ PRIO 10  //开始任务的优先级为最低
//设置任务堆栈大小
#define START_ STK_ SIZE 128
//任务堆栈
OS_ STK START_ _TASK_ STK[START_ STK_ SIZE];
//任务函数
void start_task(void *pdata);
//LED0 任务
//设置任务优先级
#define LED0_TASK_PRIO 7
//设置任务堆栈大小
#define LED0_STK_SIZE   64
//任务堆栈
OS_STK LED0_TASK_STK[LED0_STK_SIZE];
//任务函数
void led0_task(void *pdata);
//LED1 任务
//设置任务优先级
#define LED1_TASK_PRIO 6
//设置任务堆栈大小
#define LED1_STK_SIZE   128
```

```
//任务堆栈
OS_STK LED1_TASK_STK[LED1_STK_SIZE];
//任务函数
void led1_task(void *pdata);
//浮点测试任务
#define FLOAT_TASK_PRIO 5
//设置任务堆栈大小
#define FLOAT_STK_SIZE 128
//任务堆栈
//如果任务中使用 printf 来打印浮点数据，一点要 8 字节对齐
    align(8) OS_STK FLOAT_TASK_STK[FLOAT_STK_SIZE];
//任务函数
void float_task(void *pdata);
int main(void)
{
delay_init();                                    //延时初始化
NVIC_PriorityGroupConfig(NVIC_PriorityGroup_2);  //中断分组配置
uart_init(115200);                               //串口波特率设置
LED_Init();                                      //LED 初始化
OSInit();                                        //μcos 初始化
OSTaskCreate(start_task,(void*)0,(OS_STK*)&START_TASK_STK[START_STK_SIZE
    -1],\ ST ART_TASK_PRIO);                     //创建开始任务
OSStart();                                       //开始任务
 }
//开始任务
void start_task(void *pdata)
{
OS_CPU_SR cpu_sr=0; pdata=pdata;
OSStatInit();            //开启统计任务
OS_ENTER_CRITICAL();     //进入临界区(关闭中断)
//创建 LED0 任务
OSTaskCreate(led0_task,(void*)0,(OS_STK*)&\ LED0_TASK_STK[LED0_STK_SIZE-
    1],LED0_TASK_PRIO);
//创建 LED1 任务
OSTaskCreate(led1_task,(void*)0,(OS_STK*)&\ LED1_TASK_STK[LED1_STK_SIZE-
    1],LED1_TASK_PRIO);
//创建浮点测试任务
OSTaskCreate(float_task,(void*)0,(OS_STK*)&\
FLOAT_TASK_STK[FLOAT_STK_SIZE-1],FLOAT_TASK_PRIO);
OSTaskSuspend(START_TASK_PRIO);//挂起开始任务
OS_EXIT_CRITICAL();             //退出临界区(开中断)
}
//LED0 任务
void led0_task(void *pdata)
{
while(1)
{
LED0=0;
delay_ms(80);
LED0=1;
delay_ms(400);
}
}
//LED1 任务
```

```
void led1_task(void *pdata)
{
while(1)
{
LED1=0;
delay_ms(300); LED1=1;
delay_ms(300);
}
}
//浮点测试任务
void float_task(void *pdata)
{
OS_CPU_SR cpu_sr=0;
staticfloat float_num=0.01;
while(1)
{
float_num+=0.01f;
OS_ENTER_CRITICAL();       //进入临界区(关闭中断)
printf("float_num 的值为: %.4f\r\n",float_num); //串口打印结果
OS_EXIT_CRITICAL();        //退出临界区(开中断)
delay_ms(500);
}
}
```

从 main.c 中可以看出，共有 4 个任务，即 start_task、led0_task、led1_task 和 float_task。start_task 用于创建其他 3 个任务，当创建完其他 3 个任务后就会挂起。led0_task 和 led1_task 这两个任务分别是让 LED0、LED1 闪烁的，这两个任务都很简单。float_task 任务是用来测试 FPU 能否正常使用，每 500 ms 给 float_num 加一个 0.01，然后通过串口打印出来。

4.2.4　下载验证

编译代码后下载到开发板中，打开串口调试助手，可以看到 LED0 和 LED1 开始按照设置好的时间间隔闪烁。串口调试助手有信息输出，可以看出 float_num 的值以 0.01 递增，和程序中设置的一样。

4.3　μC/OS Ⅱ 设计与应用

4.3.1　多任务设计

在基于实时操作系统的应用程序设计中，任务设计是整个应用程序的基础，其他软件的设计工作都是围绕任务设计来展开的，任务设计就是设计任务函数及其相关的数据结构。

1. 任务函数的结构

在用户任务函数中，必须至少包含一次对操作系统服务函数的调用，否则比其优先级低的任务将无法得到运行机会，这是用户任务函数与普通函数的明显区别。任务函数的结构按任务的执行方式可以分为三类，即单次执行的任务、周期性执行的任务和事件触发执

行的任务。下面分别介绍任务函数的结构特点。

(1) 单次执行的任务。

单次执行的任务在创建后只执行一次，执行结束后即自行删除，其任务函数的结构如程序清单 L4-2 所示。

程序清单 L4-2　单次执行任务函数的结构

```
void MyTask (void *pdata)    //单次执行的任务函数
{
进行准备工作的代码；
任务实体代码；
调用任务删除函数；              //调用 OSTaskDel(OS_PRIO_SELF)
}
```

单次执行的任务函数由三部分组成。第一部分是"进行准备工作的代码"，完成各项准备工作，如定义和初始化变量、初始化某些设备等，这部分代码的多少根据实际需要来决定，也可能完全空缺。第二部分是"任务实体代码"，这部分代码完成该任务的具体功能，通常包含对若干系统函数的调用，除若干临界段代码(中断被关闭)外，任务的其他代码均可以被中断，以保证高优先级的就绪任务能够及时运行。第三部分是"调用任务删除函数"，该任务将自己删除，操作系统将不再管理它。

单次执行的任务采用"创建任务函数"来启动，当该任务被另外一个任务(或主函数)创建时，就进入就绪状态，等到比它优先级高的任务都被挂起来时便获得运行权，进入运行状态，任务完成后再自行删除，"启动任务"就是一个例子。

采用"启动任务"后，主函数就可以简化为三行，只负责与操作系统有关的事情，即初始化操作系统、创建"启动任务"、启动操作系统，使主函数的内容固定下来，与具体的应用系统无关。真正启动系统所需要的准备工作由"启动任务"来完成，它的内容与具体的系统密切相关。主函数和"启动任务"的示意代码如程序清单 L4-3 所示。

程序清单 L4-3　使用启动任务

```
void main (void)     //主函数
{
OSInit ();           //初始化操作系统
OSTaskCreate(TaskStart,(void *)0,&TaskStartStk[TASK_STK_SIZE-1],1);
//创建启动任务
OSStart ();          //启动操作系统，开始对任务进行调度管理
}
void TaskStart(void *pdata)//启动任务
{
pdata = pdata;
系统硬件初始化；         //时钟系统、中断系统、外设等
创建各个任务；           //如键盘任务、显示任务、采样任务、数据处理任务、打印任务等
                       //创建各种通信工具，如信号量、消息邮箱、消息队列等
OSTaskDel (OS_PRIO_SELF);  //删除自己
}
```

在"启动任务"中完成与系统硬件有关的各种初始化工作，然后创建各个实质任务和所需要的各种通信工具，至此系统才真正完成准备工作，"启动任务"的使命也就结束

了，最后将自己删除。为了保证"启动任务"能够连续运行，必须将"启动任务"的优先级设置为最高级；否则，当"启动任务"创建一个优先级高于自己的任务时，刚刚创建的任务就会立即进入运行状态，而与这个任务关联的其他任务可能还没有创建，它使用的通信工具也还没有创建，系统必然出错。"启动任务"调用的"自我删除"函数会进行任务调度操作，从而使系统开始运行各个实质任务。

"启动任务"不是用户系统的实质任务，又占用高优先级资源和任务资源，故不经常使用。更常用的方法是将"启动任务"所完成的操作交给一个用户系统的实质任务来完成。这时，主函数和有启动功能的任务函数的示意代码如程序清单 L4-4 所示。

程序清单 L4-4　以用户任务代替启动任务

```
void main (void)      //主函数
{
OSInit ();            //初始化操作系统
OSTaskCreate(TaskUser1,(void *)0,&TaskUser1Stk[TASK_STK_SIZE-1],1);
//创建任务 1
OSStart ();           //启动操作系统，开始对任务进行调度管理
}
void TaskUser1(void *pdata) //用户任务1
{
pdata = pdata;
系统硬件初始化；       //时钟系统、中断系统、外设等
创建各个任务；         //如键盘任务、显示任务、采样任务、数据处理任务、打印任务等
                      //创建各种通信工具，如信号量、消息邮箱、消息队列等
用户任务 1 本身的代码；
}
```

使用"单次执行"的任务函数结构的场合反而是可以多次执行的任务，每当需要执行该任务时就将该任务创建一次。由键盘操作来启动的任务常采用这种结构，如用一个"发送"按钮启动串行口通信任务，其程序如程序清单 L4-5 所示。

程序清单 L4-5　用创建任务的方式启动任务

```
void TaskKey(void *pdata)    //键盘任务函数(示意)
{
INT8U key;
for(;;)                      //无限循环，也可用 while (1)
{
key=keyin();                 //获取按键操作信息
switch (key)
{
case KEY_ SUART:             //"发送"按钮，创建串行口发送任务，带参数
OSTaskCreate(TaskUart,(void *)0,&TaskUartStk[TASK_STK_SIZE-1],3);
break;
case KEY_ $$$:               //其他按钮的处理代码
}
OSTimeDly(2);                //延时
}}
void TaskUart(void *pdata)   //串行口发送任务(示意)
{
pdata = pdata;
```

```
串行口初始化;                      //用获取的波特率初始化串行口
组织发送帧:
数据指针初始化;
发送数据;
OSTaskDel (OS_PRIO_SELF);      //删除自己
}
```

采用"任务创建"的方式来启动任务,可以省去用通信手段触发任务的麻烦,还可以通过*pdata 来传递原始参数,使每次启动任务时可以有不同的工作状态。如程序清单 L4-6 的程序在创建串行口发送任务时同时指定波特率。

程序清单 L4-6　在创建任务时传送参数

```
void TaskKey(void *pdata)        //键盘任务函数(示意)
{
INT8U key;
INT16U baud;                     //波特率,由用户通过键盘选定
for(;;)                          //无限循环,也可用 while(1)
{
key=keyin();                     //获取按键操作信息
switch (key)
{
case KEY_ SUART:                 //"发送"按钮,创建串行口发送任务,带参数
OSTsakCreat(TaskUart,&baud,&TaskUartStk[TASK_STK_SIZE-1],3);
break;
case KEY_ $$$:                   //其他按钮的处理代码
}
OSTimeDly(2);                    //延时
}}
void TaskUart(void *pdata)       //串行口发送任务(示意)
{
baud= *pdata;                    //获取波特率
串行口初始化;                      //用获取的波特率初始化串行口
组织发送帧:
数据指针初始化;
发送数据;
OSTaskDel (OS_PRIO_SELF);        //删除自己
}
```

虽然用"创建任务"的方式来启动一个任务有以上方便之处,但每次启动任务都要调用"任务创建函数",需要对"任务控制块"进行全面初始化,并对"任务控制块链表"和"任务就绪表"进行操作,比较耗时,故只适用于实时性要求不高的任务(如键盘操作启动的任务)。采用"创建任务"的方式来启动一个任务除了实时性差外,还可能在任务自我删除后出现以下后遗症。

① 占用的共享资源尚未释放,使其他需要使用该资源的任务不能运行。
② 通信关系的"上家"任务(或 ISR)发出的信号量或消息将被积压而得不到响应。
③ 通信关系的"下家"任务因为得不到信号量或消息而被遗弃(被永远挂起)。
④ 可能留下未删除干净的废弃变量。
因此,如果该任务使用了共享资源,必须在自我删除之前释放(如释放内存块、发送互

斥信号量); 如果该任务有关联任务(或 ISR), 必须在自我删除之前将这种关联关系解除, 而解除关联关系需要删除关联任务和通信工具, 这是得不偿失而又非常麻烦的事情。

适合采用"创建任务"的方式来启动的任务通常是"孤立任务", 它们不和其他任务进行通信(ISR 除外), 只使用共享资源来获取信息和输出信息。如果不满足这个条件, 应该采用下面介绍的两种任务函数机构, 并在系统启动时创建好。

(2) 周期性执行的任务。

周期性执行的任务在创建后按一个固定的周期来执行, 其任务函数的结构如程序清单 L4-7 所示。

程序清单 L4-7　周期性任务函数的结构

```
void MyTask (void *pdata)    //周期性执行的任务函数
    {
    进行准备工作的代码;
    for (;;)
    {
    任务实体代码;
    调用系统延时函数;            //调用 OSTimeDly()或 OSTimeDlyHMSM()
    }
    }
```

周期性执行的任务函数也由三部分组成。第一部分是"进行准备工作的代码", 第二部分"任务实体代码"的含义与单次执行任务的含义相同, 第三部分是"调用系统延时函数", 把 CPU 的控制权主动交给操作系统, 使自己挂起, 再由操作系统来启动其他已经就绪的任务。当延时时间结束后, 重新进入就绪状态, 通常能够很快获得运行权。

通过合理设置调用 OSTimeDly()或 OSTimeDlyHMSM()函数时的参数值, 可以调整任务的执行周期。当任务执行周期远大于系统时钟节拍时, 任务执行周期的相对误差比较小; 当任务执行周期只有几个时钟节拍时, 相邻两次执行任务的间隔时间抖动不能忽视, 任务执行周期的相对误差比较大, 只适用于对周期稳定性要求不高的任务(如键盘任务); 当任务执行周期只有一个时钟节拍时, 可将该任务的功能放到 STimeTickHook()(时钟节拍函数中的钩子函数)中去执行; 当任务执行周期小于一个时钟节拍或者不是时钟节拍的整数倍时, 将无法使用延时函数对其进行周期控制, 只能采用独立于操作系统的定时中断来触发。采用独立定时器触发的任务具有很高的周期稳定性。

周期性执行的任务函数编程比较简单, 只要创建一次就能周期运行。在实际应用中, 很多任务都具有周期性, 它们的任务函数都使用这种结构, 如键盘扫描任务、显示刷新任务、模拟信号采样任务等, 键盘任务的示意代码请参阅程序清单 L4-5。

(3) 事件触发执行的任务。

事件触发执行的任务在创建后, 虽然很快可以获得运行权, 但任务实体代码的执行需要等待某种事件的发生, 在相关事件发生之前, 则被操作系统挂起。相关事件发生一次, 该任务实体代码就执行一次, 故该类型任务称为事件触发执行的任务, 其任务函数的结构如程序清单 L4-8 所示。

程序清单 L4-8　事件触发任务函数的结构

```
void MyTask (void *pdata)          //事件触发执行的任务函数
   {
   进行准备工作的代码;
   for (;;)
   {
   调用获取事件的函数;
   任务实体代码;                    //如等待信号量、等待邮箱中的消息等
   }
   }
```

事件触发执行的任务函数也由三部分组成：第一部分是"进行准备工作的代码"，第三部分"任务实体代码"的含义与前面两种任务的含义相同，第二部分是"调用获取事件的函数"，使用了操作系统提供的某种通信机制，等待另外一个任务(或 ISR)发出的信息(如信号量或邮箱中的消息)，在取得这个信息之前处于等待状态(挂起状态)，当另外一个任务(或 ISR) 发出相关信息时(调用了操作系统提供的通信函数)，操作系统就使该任务进入就绪状态，通过任务调度，任务的实体代码获得运行权，完成该任务的实际功能。

如用一个"发送"按钮启动串行口通信任务，将数据发送到上位机。在键盘任务中，按下"发送"按钮后就发出信号量。在串行口任务中，只要得到信号量就将数据发送给上位机，示意代码如程序清单 L4-9 所示。

程序清单 L4-9　用信号量触发任务

```
OS_ EVENT *Sem;                    //信号量指针
void TaskKey (void *pdata)         //键盘任务函数(示意)
{
INT8U key;
for(;;)                            //无限循环，也可用 while(1)
{
key=keyin();                       //读入按键操作信息
switch (key)
{
case KEY_ SUART:                   //"发送"按钮
OSSemPost(Sem);                    //向串行口发送任务发出信号量
break;
case KEY_ $$$:                     //其他按钮的处理代码
}
OSTimeDly(2);                      //延时
}}
void TaskUart(void *pdata)         //串行口发送任务(示意)
{
pdata = pdata;
INT8U err;
for (;;)                           //无限循环
{
OSSemPend(Sem, 0, &err);           //等待键盘任务发出的信号量
串行口初始化;
组织发送帧;
数据指针初始化;
发送数据;
}}
```

如果在触发任务时还需要传送参数，可以采用发送信息的方法，代码如程序清单 L4-10 所示。

程序清单 L4-10　用消息触发任务

```
OS_ EVENT *Mybox;                        //消息邮箱
void TaskKey (void *pdata)               //键盘任务函数(示意)
INT8U key;
INT16U baud;                             //波特率，由用户通过键盘选定
for (;;)                                 //无限循环，也可用 while(1)
key=keyin();                             //读入按键操作信息
switch (key)
{
case KEY_ SUART:                         //"发送"按钮
      OSMboxPost(Mybox ,&baud);          //发送消息(波特率)
      break;
caseKEY_$$$:                             //其他按钮的处理代码
}
OSTimeDly(2);                            //延时
}}

void TaskUart(void *pdata)               //串行口发送任务(示意)
{
INT16U baud;                             //波特率
INT8U err;
for(;;)                                  //无限循环
{
pdata= OSMboxPend(Mybox, 0, &err);       //等待键盘任务发出的消息
baud=(INT1 6U)*pdata;                    //获取波特率
串行口初始化;                            //用获取的波特率初始化串行口
组织发送帧;
数据指针初始化;
发送数据;
}}
```

当触发条件为"时间间隔"(定时器中断触发)时，该任务就具有周期性，这种任务函数的结构适用于执行周期小于一个时钟节拍或者不是时钟节拍的整数倍的周期性任务，即周期性任务也能用事件触发执行的任务函数来实现。定时中断负责按预定的时间间隔准确地发出信号量，被关联的任务总是处于等待信号量的状态，每得到一次信号量就执行一次，这种方式具有比较准确的周期。

有些触发任务的事件属于信号类(信号量)，其作用仅仅是启动任务的运行，如"火灾监控系统"中的"传感器检测任务"发出的事件就属于"信号类"，而"自动报警任务""喷淋灭火任务""保存警告记录任务"和"打印记录任务"都是将该信号作为启动信号，这 4 个任务都是事件触发执行的任务。

另外，还有一些触发任务的事件属于信息类(邮箱中的消息)，其作用不仅是启动任务，而且为该任务提供原始数据和资料，如"能谱仪"中的 ISR 发出的事件(A/D 转换数据)就属于"信息类"，它不仅启动了"调整能谱数据任务"，而且是"调整能谱数据任务"所需要的原始数据。

在实际应用系统中，同样存在各种"事件触发执行"的任务，那些非周期性的任务均可以归入这一类，如"打印任务""通信任务"和"报警任务"等。

2. 优先级安排

为不同任务安排不同的优先级，其最终目标是使系统的实时性指标能够得到满足。下面来分析任务的优先级资源和任务的优先级安排原则。

(1) 任务的优先级资源。

任务的优先级资源由操作系统提供，以 μC/OS Ⅱ 为例，共有 64 个优先级，优先级的高低按编号从 0(最高)到 63(最低)排序。由于用户实际用到的优先级总个数通常远小于64，为节约系统资源，可以通过定义系统常量 OS_LOWEST_PRIO 的值来限制优先级编号的范围，当最低优先级为 18(共 19 个不同的优先级)时，定义如下：

```
#define OS_LOWEST_PRIO  18
```

μC/OS Ⅱ 实时操作系统总是将最低优先级 OS_LOWEST_PRIO 分配给"空闲任务"，将次低优先级 OS_LOWEST_PRIO-1 分配给"统计任务"。在此例中，最低优先级定为 18，则"空闲任务"优先级为 18，"统计任务"的优先级为 17，用户实际可使用的优先级资源为 0~16，共 17 个。μC/OS Ⅱ 实时操作系统还保留对最高的 4 个优先级(0、1、2、3)和 OS_LOWEST_PRIO-3 与 OS_LOWEST_PRIO-2 的使用权，以备将来操作系统升级时使用。如果用户的应用程序希望在将来升级后的操作系统下仍然可以不加修改地使用，则用户任务可以放心使用的优先级个数为 OS_LOWEST_PRIO-7。在本例中，软件优先级资源为 18-7=11 个，即可使用的优先级为 4、5、6、7、8、9、10、11、12、13、14。实际可使用的软件优先级资源数目应该留有余地，以便将来扩充应用软件功能(增加新任务)时不必对优先级进行大范围调整。

(2) 任务的优先级安排原则。

任务的优先级安排原则如下。

① 中断关联性。与中断服务程序(ISR)有关联的任务应该安排尽可能高的优先级，以便及时处理异步事件，提高系统的实时性。如果优先级安排得比较低，CPU 有可能被优先级高一些的任务长期占用，以至于在第二次中断发生时第一次中断还没有处理，产生信号丢失的现象。

② 紧迫性。因为紧迫任务对响应时间有严格要求，在所有紧迫任务中，按响应时间要求排序，越紧迫的任务安排的优先级越高。紧迫任务通常与 ISR 关联。

③ 关键性。任务越关键安排的优先级越高，以保障其执行机会。

④ 频繁性。对于周期性任务，执行越频繁，则周期越短，允许耽误的时间也越短，故应安排的优先级也越高，以保障及时得到执行。

⑤ 快捷性。在前面各项条件相近时，越快捷(耗时短)的任务安排的优先级越高，以使其他就绪任务的延时缩短。

例如，一个应用系统中，安排有键盘任务、显示任务、模拟信号采集任务、数据处理任务、串行口接收任务、串行口发送任务。在这些任务中，模拟信号采集任务、串行口接收任务和串行口发送任务均与 ISR 关联，实时性要求比较高。其中，串行口接收任务是关键任务和紧迫任务，遗漏接收内容是不允许的；模拟信号采集任务是紧迫任务，但不是关键任务，遗漏一个数据还不至于发生重大问题；在串行口发送任务中，CPU 是主动方，慢一些也可以，只要将数据发送出去就可以。键盘任务和显示任务是人机接口任务，实时性要求很低。数据处理任务根据其运算量来决定，运算量很大时优先级安排最低，运算量不大时优先级可安排得比键盘任务高一些。

根据以上分析，最低优先级 OS_LOWEST_PRIO 定为 18，各个任务的优先级安排如下：串行口接收任务的优先级为 2，模拟信号采集任务的优先级为 4，串行口发送任务的优先级为 6，数据处理任务的优先级为 9，显示任务的优先级为 12，键盘任务的优先级为 13。当优先级的任务安排比较宽松时，以后增加新任务就比较方便，在不改变现有任务优先级的情况下，很容易根据需要找到一个合适的空闲优先级。

3. 任务的数据结构设计

对于一个任务，除了它的代码(任务函数)外，还有相关的信息。为保存这些信息，必须为任务设计对应的若干数据结构。任务需要配备的数据结构分为两类：一类是与操作系统有关的数据结构；另一类是与操作系统无关的数据结构。

(1) 与操作系统有关的数据结构。

一个任务要想在操作系统的管理下工作，必须首先被创建。在 μC/OS Ⅱ 中，任务的创建函数原形如下：

```
INT8U OSTaskCreate (void (*task)(void *pd), void *pdata, OS_STK *ptos,
    INT8U prio);
```

从任务的创建函数的形参表中可以看出，除了任务函数代码外，还必须有任务参数指针、任务堆栈指针和任务优先级，这实际上与任务的 3 个数据结构有关，即任务参数表、任务堆栈和任务控制块。

① 任务参数表：由用户定义的参数表，可用来向任务传输原始参数(即任务函数代码中的参数 void *pdata)。通常设为空表，即(void *)0。

② 任务堆栈：其容量由用户设置，必须保证足够大。

③ 任务控制块：由操作系统设置。

操作系统还控制其他数据结构，这些数据结构与一个以上的任务有关，如信号量、消息邮箱、消息队列、内存块、事件控制块等。

操作系统控制的数据结构均为全局数据结构，用户可以对这些与操作系统有关的数据结构进行裁剪。

(2) 与操作系统无关的数据结构。

每个任务都有其特定的功能，需要处理某些特定的信息，为此需要定义对应的数据结构来保存这些信息，常用的数据结构有变量、数组、结构体、字符串等。

每个信息都有其生产者(对数据结构进行写操作)和消费者(对数据结构进行读操作)，一个信息至少有一个生产者和一个消费者，且都可以不止一个。

当某个信息的生产者和消费者都是同一个任务(与其他任务无关)时，保存这个信息的数据结构应该在该任务函数内部定义，成为它的私有信息，如局部变量。

当某个信息的生产者和消费者不是同一个任务(包括 ISR)时，保存这个信息的数据结构应该在任务函数的外部定义，使它成为共享资源，如全局变量。对这部分数据结构的访问需要特别小心，必须保证访问的互斥性，详情可参阅有关资源同步的内容。

4. 任务设计中的问题

每个任务都有其规定的功能，这些功能必须在任务函数的设计中得到实现。任务的功能设计过程即任务函数的编写过程，与传统的(没有操作系统的)功能模块设计类似，同样需要注意运行效率、可靠性和容错性等常规问题。

① 运行效率：针对具体场合，采用最合适的处理方法(算法)，提高处理效率。

② 可靠性：采用合适的算法与措施，提高系统的抗干扰能力。

③ 容错性：采用合适的算法与措施，提高系统的容错能力。

以上问题包含的内容非常丰富，有关内容可参阅相关专题图书。本节只讨论在操作系统管理下任务函数编写中出现的新问题。

(1) 公共函数的调用。

当若干个任务均需要使用某些基本处理功能时，为简化设计，通常将这种基本处理功能单独编写为一个公共函数，供不同任务调用。因为大多数任务都有数据处理过程，所以各种数据处理的基本函数常常被编写为公共函数。

如果一个任务正在调用(运行)某个公共函数时被另一个高优先级的任务抢占，当这个高优先级任务也调用同一个公共函数时，很有可能会破坏原来任务的数据。为了防止这种情况的发生，常采用两种措施，即互斥调用和可重入设计。

① 互斥调用。将公共函数作为一种共享资源看待，以互斥方式调用公共函数。如果公共函数比较简单，运行时间很短，可以采用先关中断(或关调度)再调用公共函数，调用结束后再开中断(或开调度)，从而避免其他任务干扰。如果公共函数比较复杂，运行时间较长，以上方法将严重影响系统的实时性，这时最好为这个公共函数配备一个互斥信号量，任何任务在调用这个公共函数前必须首先取得对应的互斥信号量；否则就会被挂起。

② 可重入设计。"可重入函数"允许多个任务嵌套调用，各个任务的数据相互独立、互不干扰。对于比较简单的公共函数，尽可能设计成可重入函数，避免采用互斥调用方法的麻烦。将公共函数设计为"可重入函数"的关键是不使用全局资源(如全局变量)，可重入函数中所有的变量(包括指针)均为局部变量(其中也包括形式参数)。由于函数的局部变量是在调用时临时分配到存储空间，不同的任务由于在不同的时刻调用该函数，它们的同一个局部变量分配的存储空间并不相同，互不干扰。另外，如果"可重入函数"调用了其他函数，则这些被调用的函数也必须是"可重入函数"。

以一个简单的排序函数为例，该函数对两个变量 a 和 b 的大小进行检查，如果 $a<b$，则交换它们的数值，以保证 $a≥b$。该函数的处理过程中需要一个临时变量，如果临时变量为全局变量，则该函数不可重入(程序清单 L4-11)：当一个任务调用该函数，将变量 a 的数值保存到临时变量中时，正好被另一个高优先级任务抢占，如果高优先级任务也调用该函数，就会将临时变量的数值改变。当高优先级任务挂起后，原来的任务继续执行，由于临时变量的数值已经改变，最后的结果自然会出错。如果在函数内部定义临时变量，使其成为局部变量，则该函数就成为可重入函数(程序清单 L4-12)：每个调用该函数的任务均具有一套完整的私有变量，相互完全独立。

程序清单 L4-11 不可重入函数

```
NT16U temp;                          //全局变量
void Fun (INT16U *a, INT16U *b)      //不可重入函数
{
if( *a < *b ) {                      //如果 a<b，则交换它们的数值
temp=*a;
*a=*b;
*b=temp;
}
}
```

程序清单 L4-12 可重入函数

```
void Fun (INT16U *a, INT16U *b)      //可重入函数
  {
  INT16U temp;                       //局部变量
  if( *a < *b )
  {
  //如果 a<b，则交换它们的数值
  temp=*a;
  *a=*b;
  *b=temp;
  }
  }
```

(2) 与其他任务的协调。

一个任务的功能往往需要其他任务配合才能完成。在没有操作系统的传统的编程模式下，只要直接调用这些模块就可以了。在操作系统的管理下，不允许任务之间相互调用，必须采用操作系统提供的同步通信机制来进行任务之间的协调运行。

(3) 共享资源的访问。

任务在运行过程中，需要访问共享资源。如果不采取措施，共享资源的完整性和安全性将很难保障。

5. 任务函数的代码设计过程

任务函数的代码中包含若干个对操作系统服务函数的调用，通过对系统服务函数的调用完成各种系统管理功能，如任务管理、通信管理、时间管理等。凡是操作系统已经提供的服务功能，必须调用相应的服务函数，用户使用自己编写的代码来实现相同的功能是非常冒险的。

系统的实际运行效果是各个任务配合运行的结果，这种配合过程又是通过操作系统的管理来实现的，即通过调用操作系统服务函数来实现的。"何时调用系统服务"和"调用什么系统服务"是任务设计中的关键问题，这个问题与任务之间的相互关联程度有关，需要通过分析这种关联关系才能确定。

在一般的程序模块设计中，模块之间的接口只有数据接口，编写代码相对容易。由于任务的独立性和并发性，任务代码的编写与程序模块差异较大，任务之间不仅有数据流动，还有行为互动，而且相互之间的作用是通过操作系统的服务来实现的。

一个任务的代码设计过程是从上到下的过程，先分析系统总体任务关联图，明确每个任务在系统整体中的位置和角色，再逐个任务进行详细关联分析，然后画出任务的程序流程图，最后按流程图编写程序代码。

(1) 系统总体任务关联图。

之前讨论了任务划分的原则，当完成了任务划分工作后，就确定了系统总的任务数目和关联的 ISR 数目。为了进行任务设计，必须把这些任务(包括 ISR)之间的相互关系搞清楚。为此，可以使用系统总体任务关联图来表示各个任务(包括 ISR)之间的相互关系。

下面讨论一个简单的系统，这个系统完成能谱数据的采集、显示和向上位机发送 3 项功能。系统应用软件包含两个 ISR(峰值数据采集 ISR 和串行口发送 ISR)和 4 个任务：键盘任务、能谱数据采集和调整任务、能谱显示任务和能谱数据发送任务。系统有 3 个按键，即"采集""显示"和"发送"，分别用来启动 3 个任务。键盘任务由主函数创建，其他三个任务由键盘任务创建。峰值数据采集 ISR 以及能谱数据采集和调整任务之间用消息队列进行通信。串行口发送 ISR 和能谱数据发送任务之间用信号量进行通信。能谱数据为一个全局数组，由能谱数据采集和调整任务生成，供能谱显示任务和能谱数据发送任务使用，是 3 个任务的共享资源，配备了一个互斥信号量。能谱数据采集任务按"定数方式"工作，完成预定采样次数后即结束。系统总体任务关联图如图 4.17 所示。

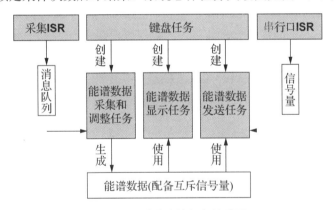

图 4.17　系统总体任务关联图

(2) 任务的关联分析。

任务函数要逐个编写，在编写某个具体的任务函数(或 ISR)时，必须非常清楚地掌握它与其他任务(或 ISR)的关系。这里包含两种类型的关系：第一种关系是行为同步关系，体现为时序上的触发关系；第二种关系是资源同步关系，体现为信息的流动和共享关系。

第一种关系涉及以下方面。

① 本任务的运行受到哪些任务(或 ISR)的制约，即本任务在运行过程中需要等待哪些任务(或 ISR)发出的信号量或消息。

② 本任务(或 ISR)可以控制哪些任务的运行，即本任务(或 ISR)在运行过程中会向哪些任务发出信号量或消息，以达到触发这些任务运行的目的。

第二种关系涉及以下方面。

① 本任务在运行过程中需要得到哪些任务(或 ISR)提供的数据？提供数据的形式是

什么？通常提供数据的形式有全局变量、全局数组或数据块、消息和消息队列。

② 本任务(或 ISR)在运行过程中会向哪些任务提供数据？提供数据的形式是什么？以图 4.17 中的系统为例，各个任务的关联分析如下。

a. 键盘任务。键盘任务由主函数创建后，周期性运行，不受其他任务制约，也不需要其他任务提供数据。而键盘任务通过创建任务的形式控制其他 3 个任务的运行。

b. 能谱数据采集和调整任务。本任务由"键盘任务"创建，控制数据采集 ISR 的启动和停止，接收 ISR 通过消息队列提供的原始数据，生成能谱数据(配备了互斥信号量)，以全局数组的形式供显示任务和数据发送任务使用。

c. 能谱显示任务。本任务由"键盘任务"创建，使用能谱数据(配备了互斥信号量)，完成能谱图形显示。

d. 数据发送任务。本任务由"键盘任务"创建，使用能谱数据(配备了互斥信号量)，控制数据采集串行口发送 ISR 的启动和停止，完成能谱数据的发送功能。

(3) 任务的程序流程图。

在掌握了本任务与其他任务(或 ISR)的各种关系后，合理安排本任务的工作流程，使本任务和其他任务(或 ISR)协调工作，完成预定的功能。

任务的程序流程设计就是画出该任务的程序流程图。任务的流程图与普通程序模块的流程图不同，普通程序模块的流程图是一直运行的，而任务的程序流程图中包含至少一处系统服务函数调用，有可能被挂起，故任务的程序流程图实际上是断续运行的。

如果某任务与其他任务的关联比较简单，任务本身完成的功能也很简单，可以不画程序流程图，直接开始编写程序代码；如果某任务与其他任务的关联比较复杂，任务本身完成的功能也较复杂，最好先画出任务的程序流程图，用来指导任务程序代码的编写，可以减少差错。

(4) 编写任务的程序代码。

有了任务的程序流程图后，编写任务函数的程序代码就比较顺利了。当然，真正要编写好任务函数的程序代码，还需要掌握更多的知识和技能，至少必须掌握后续各章节的内容。这里以键盘任务为例(该任务涉及知识面较窄)，任务函数的代码如程序清单 L4-13 所示(实际代码还要复杂些)。

程序清单 L4-13　键盘任务函数

```
void TaskKey (void *pdata)        //键盘任务函数
{
INT8U key;
while(1)                          //无限循环
{
key=keyin();                      //获取按键操作信息
switch (key)
{
case KEY_ SAMP:                   //"采集"按钮，创建数据采集任务
OSTaskCreate(TaskSamp,(void *)0,&TaskSampStk[TASK_ STK_ SIZE-1],2);
break;
case KEY DISP:                    //"显示"按钮，创建能谱显示任务
OSTaskCreate(TaskDisp,(void *)0,&TaskDispStk[TASK_ STK SIZE-1],7);
```

```
break;
case KEY SUART:                          //"发送"按钮，创建串行口发送任务
OSTaskCreate(TaskUart,(void * )0,&TaskUartStk[TASK_ STK SIZE-1],4);
break;
defauit : break;                         //未按键或无效按键，不处理
}
OSTimeDly(2);                            //延时
}
}
```

4.3.2 中断处理与时间管理

1. 中断处理

关于中断的概念，大家在单片机中已经学习过了，本小节主要内容为关于 μC/OS Ⅱ 的系统中断。在 μC/OS Ⅱ 中，中断服务子程序(ISR)要用汇编语言来编写。如果用户使用的 C 语言编译器支持在线汇编语言，则可以直接将中断服务子程序代码放在 C 语言的程序文件中。用户 ISR 的框架如下。

① 保存全部 CPU 寄存器的值。

② 调用 OSIntEnter()函数，或直接把全局变量 OSIntNesting(中断嵌套层次)加 1。

③ 执行用户代码做中断服务。

④ 调用 OSIntExit()函数。

⑤ 恢复所有 CPU 寄存器。

⑥ 执行中断返回指令。

OSIntEnter()函数就是将全局变量 OSIntNesting 加 1。OSIntNesting 是中断嵌套层数的变量。μC/OS Ⅱ 通过它确保在中断嵌套时，不进行任务调度。执行完用户的代码后，μC/OS Ⅱ 调用 OSIntExit()函数，这是一个与 OSSched()很像的函数。在这个函数中，系统首先把 OSIntNesting 减 1，然后判断是否中断嵌套。如果不是，并且当前任务不是最高优先级的任务，那么找到优先级最高的任务，执行 OSIntCtxSw()中断任务切换函数。因为在这之前已经做好了压栈工作，所以在这个函数中要进行 R15～R4 的出栈工作。由于在之前调用函数时，可能已经有一些寄存器被压入堆栈，因此要进行堆栈指针调整，使得 R15～R4 能够从正确的位置出栈。

部分中断函数定义如程序清单 L4-14 所示。

程序清单 L4-14 部分中断函数

```
OSIntEnter(); 在调用本函数之前必须先将中断关闭
    void OSIntEnter (void)
    {
    if (OSRunning == TRUE)
    {
    if (OSIntNesting < 255)
    {
    OSIntNesting++;
    }
    }
    }
```

```
// OSIntExit()
void OSIntExit (void)
{
OS_ENTER_CRITICAL();                              //关中断
if ((--OSIntNesting|OSLockNesting) == 0) //判断嵌套是否为零
{
                                                  //把高优先级任务装入
OSIntExitY = OSUnMapTbl[OSRdyGrp];
OSPrioHighRdy=(INT8U)((OSIntExitY<<3)+OSUnMapTbl[OSRdyTbl[OSIntExitY]]);
    if (OSPrioHighRdy != OSPrioCur)
       {
           OSTCBHighRdy =OSTCBPrioTbl[OSPrioHighRdy];
           OSCtxSwCtr++;
           OSIntCtxSw();                          //任务切换
       }
   }
OS_EXIT_CRITICAL();                               //开中断返回
}
```

2. 时间管理

μC/OS II(其他内核也一样)要求用户提供定时中断来实现延时与超时控制等功能。这个定时中断称为时钟节拍，它应该每秒发生 10～100 次。时钟节拍的实际频率是由用户的应用程序决定的。时钟节拍的频率越高，系统的负荷就越重。本节主要讲述 5 个与时钟节拍有关的系统服务，这些函数可以在 OS_TIME.C 文件中找到。

① OSTimeDly()：μC/OS II 提供了这样一个系统服务，申请该服务的任务可以延时一段时间，这段时间的长短是用时钟节拍的数目来确定的。实现这个系统服务的函数称为 OSTimeDly()。调用该函数会使 μC/OS II 进行一次任务调度，并且执行下一个优先级最高的就绪状态任务。任务调用 OSTimeDly()函数后，一旦规定的时间期满或者有其他的任务通过调用 OSTimeDlyResume()函数取消了延时，它就会马上进入就绪状态。注意，只有当该任务在所有就绪状态任务中具有最高的优先级时，它才会立即运行。

② OSTimeDlyHMSM()：OSTimeDly()虽然是一个非常有用的函数，但用户的应用程序需要知道延时时间对应的时钟节拍数目。用户可以使用定义全局常数 OS_TICKS_PER_SEC(参看 OS_CFG.H)的方法将时间转换成时钟段，但这种方法有时显得比较笨拙。笔者增加了 OSTimeDlyHMSM()函数后，用户就可以按小时(h)、分(m)、秒(s)和毫秒(ms)来定义时间了，这样会显得更自然些。与 OSTimeDly()函数一样，调用 OSTimeDlyHMSM()函数也会使 μC/OS II 进行一次任务调度，并且执行下一个优先级最高的就绪态任务。任务调用 OSTimeDlyHMSM() 函数后，一旦规定的时间期满或者有其他的任务通过调用 OSTimeDlyResume()函数取消了延时(参见 5.2 节，恢复延时的任务 OSTimeDlyResume())，它就会马上处于就绪状态。同样，只有当该任务在所有就绪状态任务中具有最高的优先级时，它才会立即运行。

③ OSTimeDlyResume()：μC/OS II 允许用户结束正处于延时期的任务。延时期的任务可以不等待延时期满，而是通过其他任务取消延时来使自己处于就绪状态，这可以通过调用 OSTimeDlyResume() 函数和指定要恢复的任务优先级来完成。实际上，OSTimeDlyResume()函数也可以唤醒正在等待事件的任务，虽然这一点并没有提到过。在

这种情况下，等待事件发生的任务会考虑是否终止等待事件。

④　OSTimeGet()和 OSTimeSet()：无论时钟节拍何时发生，μC/OS Ⅱ 都会将一个 32 位的计数器加 1。32 位的计数器在用户调用 OSStart()函数初始化多任务和 4 294 967 295 个时钟节拍执行完一遍的时候从 0 开始计数。在时钟节拍的频率等于 100Hz 时，32 位的计数器每隔 497 天就重新开始计数。用户可以通过调用 OSTimeGet()函数来获得该计数器的当前值，也可以通过调用 OSTimeSet()函数来改变该计数器的值。

4.3.3　事件控制块

μC/OS Ⅱ 通过 μCOS_Ⅱ.H 中定义的 OS_EVENT 数据结构来维护一个事件控制块的所有信息(见程序清单 L4-15)，也就是本章开篇讲到的事件控制块 ECB。该结构中除了包含事件本身的定义，如用于信号量的计数器、用于指向邮箱的指针以及指向消息队列的指针数组等，还定义了等待该事件的所有任务列表。

程序清单 L4-15　ECB 数据结构

```
typedef struct
{
    void   *OSEventPtr;                    /* 指向消息或者消息队列的指针 */
    INT8U   OSEventTbl[OS_EVENT_TBL_SIZE]; /* 等待任务列表 */
    INT16U  OSEventCnt;                    /* 计数器(当事件是信号量时)*/
    INT8U   OSEventType;                   /* 时间类型 */
    INT8U   OSEventGrp;                    /* 等待任务所在的组 */
} OS_EVENT;
```

OSEventPtr 指针，只有在所定义的事件是邮箱或者消息队列时才使用。当所定义的事件是邮箱时，它指向一个消息；而当所定义的事件是消息队列时，它指向一个数据结构(详见消息邮箱和消息队列)。

OSEventTbl[] 和 OSEventGrp 很像前面讲到的 OSRdyTbl[]和 OSRdyGrp，只不过前两者包含的是等待某事件的任务，而后两者包含的是系统中处于就绪状态的任务。

OSEventCnt，当事件是一个信号量时，OSEventCnt 是用于信号量的计数器。

OSEventType 定义了事件的具体类型。它可以是信号量(OS_EVENT_SEM)、邮箱(OS_EVENT_TYPE_MBOX)或消息队列(OS_EVENT_TYPE_Q)中的一种。用户要根据该域的具体值来调用相应的系统函数，以保证对其进行操作的正确性。

每个等待事件发生的任务都被加入该事件控制块中的等待任务列表中，该列表包括.OSEventGrp 和.OSEventTbl[]两个域。变量前面的[.]说明该变量是数据结构的一个域。在这里，所有任务的优先级被分成 8 组(每组 8 个优先级)，分别对应.OSEventGrp 中的 8 位。当某组中有任务处于等待该事件的状态时，OSEventGrp 中对应的位就被置位。相应地，该任务在.OSEventTbl[]中的对应位也被置位。.OSEventTbl[]数组的大小由系统中任务的最低优先级决定，这个值由 μCOS_Ⅱ.H 中的 OS_LOWEST_PRIO 常数定义。这样，在任务优先级比较少的情况下，减少 μC/OS Ⅱ 对系统 RAM 的占用量。

当一个事件发生后，该事件的等待事件列表中优先级最高的任务，也即在.OSEventTbl[]中，所有被置 1 的位中，优先级代码最小的任务得到该事件。图 4.18 所示为.OSEventGrp

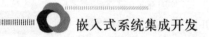

和.OSEventTbl[]之间的对应关系。该关系可以描述如下：

当.OSEventTbl[0]中的任何一位为 1 时，.OSEventGrp 中的第 0 位为 1；

当.OSEventTbl[1]中的任何一位为 1 时，.OSEventGrp 中的第 1 位为 1；

当.OSEventTbl[2]中的任何一位为 1 时，.OSEventGrp 中的第 2 位为 1；

当.OSEventTbl[3]中的任何一位为 1 时，.OSEventGrp 中的第 3 位为 1；

当.OSEventTbl[4]中的任何一位为 1 时，.OSEventGrp 中的第 4 位为 1；

当.OSEventTbl[5]中的任何一位为 1 时，.OSEventGrp 中的第 5 位为 1；

当.OSEventTbl[6]中的任何一位为 1 时，.OSEventGrp 中的第 6 位为 1；

当.OSEventTbl[7]中的任何一位为 1 时，.OSEventGrp 中的第 7 位为 1。

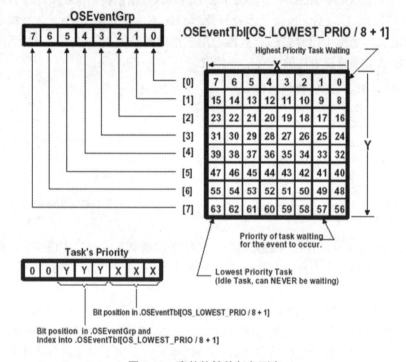

图 4.18　事件的等待任务列表

程序清单 L4-16 的代码为将一个任务放到事件的等待任务列表中。

程序清单 L4-16　将一个任务插入事件的等待任务列表

```
pevent->OSEventGrp |= OSMapTbl[prio >> 3];
pevent->OSEventTbl[prio >> 3] |= OSMapTbl[prio & 0x07];
```

其中，prio 是任务的优先级；pevent 是指向事件控制块的指针。

从程序清单 L4-16 可以看出，插入一个任务到等待任务列表中所花的时间是相同的，和表中现有多少个任务无关。从图 4.18 中可以看出该算法的原理：任务优先级的最低 3 位决定了该任务在相应的.OSEventTbl[]中的位置，紧接着的 3 位则决定了该任务优先级在.OSEventTbl[]中的字节索引。该算法中用到的查找表 OSMapTbl[] (如表 4.1 所列，定义在 OS_CORE.C 中)一般在 ROM 中实现。

表 4.1　OSMapTbl[]

索　引	位元掩码(二进制)
0	00000001
1	00000010
2	00000100
3	00001000
4	00010000
5	00100000
6	01000000
7	10000000

从等待任务列表中删除一个任务的算法则正好相反，如程序清单 L4-17 所示。

程序清单 L4-17　从等待任务列表中删除一个任务

```
if ((pevent->OSEventTbl[prio >> 3] &= ~OSMapTbl[prio & 0x07]) == 0)
{
pevent->OSEventGrp &= ~OSMapTbl[prio >> 3];
}
```

该代码清除了任务在.OSEventTbl[]中的相应位，如果其所在的组中不再有处于等待该事件的任务时(即.OSEventTbl[prio>>3]为 0)，将.OSEventGrp 中的相应位也清除了。和由任务优先级确定该任务在等待任务列表中的位置的算法类似，从等待任务列表中查找处于等待状态的最高优先级任务的算法，也不是从.OSEventTbl[0]开始逐个查询，而是采用了查找另一个表 OSUnMapTbl[256](见文件 OS_CORE.C)的方法。这里用于索引的 8 位分别代表对应的 8 组中有任务处于等待状态，其中的最低位具有最高优先级。用这个值索引，首先得到最高优先级任务所在组的位置(0～7 的一个数)；然后利用.OSEventTbl[]中对应字节再在 OSUnMapTbl[]中查找，就可以得到最高优先级任务在组中的位置(也是 0～7 的一个数)。这样，最终就可以得到处于等待该事件状态的最高优先级任务了。程序清单 L4-18 是该算法的具体实现代码。

程序清单 L4-18　在等待任务列表中查找最高优先级的任务

```
    y = OSUnMapTbl[pevent->OSEventGrp];
    x = OSUnMapTbl[pevent->OSEventTbl[y]];
prio = (y << 3) + x;
```

如果 OSEventGrp 的值是 01101000(二进制)，而对应的 OSUnMapTbl [.OSEventGrp] 值为 3，说明最高优先级任务所在的组是 3。如果.OSEventTbl[3]的值是 11100100(二进制)，OSUnMapTbl[.OSEventTbl[3]]的值是 2，则处于等待状态的任务最高优先级是 3×8+2=26。

在 μC/OS II 中，事件控制块的总数由用户所需要的信号量、邮箱和消息队列的总数决定，该值由 OS_CFG.H 中的#define OS_MAX_EVENTS 定义。在调用 OSInit()时(见 μC/OS

Ⅱ的初始化)，所有事件控制块被链接成一个单向链表——空闲事件控制块链表，如图 4.19 所示。每当建立一个信号量、邮箱或者消息队列时，就从该链表中取出一个空闲事件控制块，并对它进行初始化。因为信号量、邮箱和消息队列一旦建立就不能删除，所以事件控制块也不能放回到空闲事件控制块链表中。

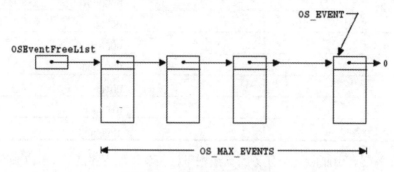

图 4.19　空闲事件控制块链表

对于事件控制块进行的一些通用操作包括以下几个：

① 初始化一个事件控制块；

② 使一个任务进入就绪状态；

③ 使一个任务进入等待该事件的状态；

④ 因为等待超时而使一个任务进入就绪状态。

为了避免代码重复和缩短代码长度，μC/OS Ⅱ 将上面的操作用 4 个系统函数实现，即 OSEventWaitListInit()、OSEventTaskRdy()、OSEventWait()和 OSEventTo()。

(1) OSEventWaitListInit()(初始化一个事件控制块)。

程序清单 L4-19 是函数 OSEventWaitListInit()的源代码。当建立一个信号量、邮箱或者消息队列时，相应地建立函数 OSSemInit()、OSMboxCreate()或者 OSQCreate()，通过调用 OSEventWaitListInit()函数对事件控制块中的等待任务列表进行初始化。该函数初始化一个空的等待任务列表，其中没有任何任务。该函数的调用参数只有一个，就是指向需要初始化的事件控制块的指针 pevent。

程序清单 L4-19　初始化 ECB 块的等待任务列表

```
void OSEventWaitListInit (OS_EVENT *pevent)
{
    INT8U i;
    pevent->OSEventGrp = 0x00;
    for (i = 0; i < OS_EVENT_TBL_SIZE; i++)
    {
        pevent->OSEventTbl[i] = 0x00;
    }
}
```

(2) OSEventTaskRdy()(使一个任务进入就绪状态)。

程序清单 L4-20 是函数 OSEventTaskRdy()的源代码。当发生了某个事件，该事件等待任务列表中的最高优先级任务(Highest Priority Task，HPT)要设置于就绪状态时，该事件对应的 OSSemPost()、OSMboxPost()、OSQPost()和 OSQPostFront()函数调用 OSEventTaskRdy()

函数实现该操作。换句话说，该函数从等待任务队列中删除 HPT(highest priority task)，并把该任务置于就绪状态。图 4.20 为 OSEventTaskRdy()函数最开始的 4 个动作。

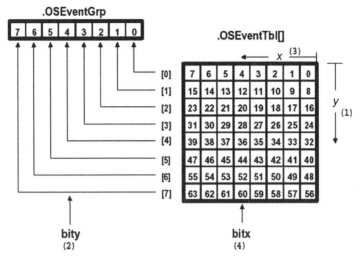

图 4.20　使一个任务进入就绪状态

OSEventTaskRdy()函数首先计算 HPT 任务在.OSEventTbl[]中的字节索引(L4-20(1))，其结果是一个从 0 到 OS_LOWEST_PRIO/8+1 之间的数，并利用该索引得到该优先级任务在.OSEventGrp 中的位屏蔽码(L4-20(2))。然后 OSEventTaskRdy()函数判断 HPT 任务在.OSEventTbl[]中相应位的位置(L4-20(3))，其结果是一个从 0 到 OS_LOWEST_PRIO/8+1 之间的数，以及相应的位屏蔽码(L4-20(4))。根据以上结果，OSEventTaskRdy()函数计算出 HPT 任务的优先级(L4-20(5))，然后就可以从等待任务列表中删除该任务(L4-20(6))。

任务控制块中包含有需要改变的信息。知道了 HPT 任务的优先级，就可以得到指向该任务的任务控制块的指针(L4-20(7))。因为最高优先级任务运行条件已经得到满足，必须停止 OSTimeTick()函数对.OSTCBDly 域的递减操作，所以 OSEventTaskRdy()函数直接将该域清零(L4-20(8))。因为该任务不再等待该事件的发生，所以 OSEventTaskRdy()函数将其任务控制块中指向事件控制块的指针指向 NULL(L4-20(9))。如果 OSEventTaskRdy()函数是由 OSMboxPost()函数或者 OSQPost()函数调用的，该函数还要将相应的消息传递给 HPT，放在它的任务控制块中(L4-20(10))。另外，当 OSEventTaskRdy()函数被调用时，位屏蔽码 msk 作为参数传递给它，该参数是用于对任务控制块中的位清零的位屏蔽码，和所发生事件的类型相对应(L4-20(11))。最后，根据.OSTCBStat 判断该任务是否已处于就绪状态(L4-20(12))。如果是，则将 HPT 插入 μC/OS Ⅱ 的就绪任务列表中(L4-20(13))。注意，HPT 任务得到该事件后不一定进入就绪状态，也许该任务已经由于其他原因挂起了。另外，OSEventTaskRdy()函数要在中断禁止的情况下调用。

程序清单 L4-20　使一个任务进入就绪状态

```
void OSEventTaskRdy (OS_EVENT *pevent, void *msg, INT8U msk)
{
    OS_TCB *ptcb;
```

```
INT8U   x;
INT8U   y;
INT8U   bitx;
INT8U   bity;
INT8U   prio;
y= OSUnMapTbl[pevent->OSEventGrp];                              (1)
bity = OSMapTbl[y];                                             (2)
x= OSUnMapTbl[pevent->OSEventTbl[y]];                          (3)
bitx = OSMapTbl[x];                                            (4)
prio = (INT8U)((y << 3) + x);                                  (5)
if ((pevent->OSEventTbl[y] &= ~bitx) == 0) {                   (6)
    pevent->OSEventGrp &= ~bity;
}
ptcb = OSTCBPrioTbl[prio];                                     (7)
ptcb->OSTCBDly = 0;                                            (8)
ptcb->OSTCBEventPtr = (OS_EVENT *)0;                           (9)
#if (OS_Q_EN && (OS_MAX_QS >= 2)) || OS_MBOX_EN
ptcb->OSTCBMsg = msg;                                          (10)
#else
msg = msg;
#endif
ptcb->OSTCBStat &= ~msk;                                       (11)
if (ptcb->OSTCBStat == OS_STAT_RDY) {                          (12)
    OSRdyGrp|= bity;                                           (13)
    OSRdyTbl[y] |= bitx;
}
}
```

(3) OSEventTaskWait()(使一个任务进入等待某事件发生的状态)。

程序清单 L4-21 是 OSEventTaskWait()函数的源代码。当某个任务要等待一个事件发生时，相应事件的 OSSemPend()、OSMboxPend()或者 OSQPend()函数会调用该函数将当前任务从就绪任务列表中删除，并放到相应事件的事件控制块的等待任务列表中。

程序清单 L4-21 使一个任务进入等待状态

```
void OSEventTaskWait (OS_EVENT *pevent)
{
   OSTCBCur->OSTCBEventPtr = pevent;                                  (1)
if ((OSRdyTbl[OSTCBCur->OSTCBY] &= ~OSTCBCur->OSTCBBitX) == 0) {    (2)
       OSRdyGrp &= ~OSTCBCur->OSTCBBitY;
   }
pevent->OSEventTbl[OSTCBCur->OSTCBY] |= OSTCBCur->OSTCBBitX;        (3)
   pevent->OSEventGrp|= OSTCBCur->OSTCBBitY;
}
```

在该函数中，首先将指向事件控制块的指针放到任务控制块中(L4-21(1))，接着将任务从就绪任务列表中删除(L4-21(2))，并把该任务放到事件控制块的等待任务列表中(L4-21(3))。

(4) OSEventTo()(等待超时而将任务设置为就绪状态)。

程序清单 L4-22 是 OSEventTo()函数的源代码。当在预先指定的时间内任务等待的事件没有发生时，OSTimeTick()函数会因为等待超时而将任务设置为就绪状态。在这种情况下，事件的 OSSemPend()、OSMboxPend()或者 OSQPend()函数会调用 OSEventTo()来完成这项工作。该函数负责从事件控制块中的等待任务列表里将任务删除(L4-22(1))，并把它设置成就绪状态(L4-22(2))。最后，从任务控制块中将指向事件控制块的指针删除(L4-22(3))。用户应当注意，调用 OSEventTo()也应当先关中断。

程序清单 L4-22　因为等待超时将任务设置为就绪状态

```
void  OSEventTO (OS_EVENT *pevent)
{
    if((pevent->OSEventTbl[OSTCBCur->OSTCBY]&=~OSTCBCur->
OSTCBBitX)==0){                                                       (1)
        pevent->OSEventGrp &= ~OSTCBCur->OSTCBBitY;
    }
    OSTCBCur->OSTCBStat = OS_STAT_RDY;                                 (2)
    OSTCBCur->OSTCBEventPtr = (OS_EVENT *)0;                           (3)
}
```

4.3.4　消息邮箱

在多任务操作系统中，常常需要在任务与任务之间通过传递一个数据(这种数据称为"消息")的方式来进行通信。为了达到这个目的，可以在内存中创建一个存储空间作为该数据的缓冲区。如果把这个缓冲区称为消息缓冲区，那么在任务间传递数据(消息)的一个最简单方法就是传递消息缓冲区的指针。因此，用来传递消息缓冲区指针的数据结构就称为消息邮箱。

图 4.21 为两个任务在使用消息邮箱进行通信的示意图。任务 1 向消息邮箱发送消息，任务 2 从消息邮箱读取消息。读取消息也称为请求消息。

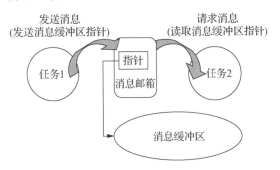

图 4.21　两个任务在使用消息邮箱进行通信的示意图

下面是一个利用简单消息邮箱进行通信的例子。本例中有 MyTask 和 YouTask 两个任务，任务 YouTask 要向任务 MyTask 发送消息，因此定义了一个全局的指针变量 msg_p 作为邮箱来传递消息指针。

```
"includes.h"
#define TASK_STK_SIZE 512                    //任务堆栈长度
OS_STK StartTaskStk[TASK_STK_SIZE];          //定义任务堆栈区
OS_STK MyTaskStk[TASK_STK_SIZE];             //定义任务堆栈区
OS_STK YouTaskStk[TASK_STK_SIZE];            //定义任务堆栈区
INT16S key;                                  //用于退出的键
```

```
INT8U y1=0,y2=0;                      //字符显示位置
void * msg_P;                         //消息邮箱
void StartTask(void * data);          //声明起始任务
void MyTask(void * data);             //声明任务
void YouTask(void * data);            //声明任务
//主函数
void main (void)
{
OSInit();                             //初始化μC/OS - Ⅱ
PC_DOSSaveReturn();                   //保存 DOS 环境
PC_VectSet(uCos,oSCtxSw);             //安装 uC/OS Ⅱ 中断
//创建任务 StartTask,给任务传递参数,设置任务堆栈栈顶,任务的优先级别为 0
oSTaskCreate(StartTask,(void*)0,&StartTaskStk[ TASK_STK_SIZE-1],0);
oSStart();                            //启动多任务管理
}
```

MyTask 及 YouTask 请扫描二维码。

4.3.5　信号量与互斥信号量

信号量是一类事件。使用信号量的最初目的是给共享资源设立一个标志,该标志表示该共享资源被占用的情况。这样,当一个任务在访问共享资源之前,就可以先对这个标志进行查询,从而在了解资源被占用的情况之后再来决定自己的行为。

观察一下人们日常生活中常用的一种共享资源——公用电话亭的使用规则,就会发现这种规则很适合在协调某种资源用户关系时使用。

如果一个电话亭只允许一个人进去打电话,那么电话亭的门上就应该有一个可以识别两种颜色的牌子(如用红色表示"有人",用绿色表示"无人")。当有人进去时,牌子会变成红色;当有人出来时,牌子又会变成绿色。这样来打电话的人就可根据牌子的颜色来了解电话亭被占用的情况。如果某个人去电话亭打电话时见到牌子上的颜色是绿色,那么他就可以进去打电话;如果牌子上的颜色是红色,那么他只好等待;如果又陆续来了很多人,那么就要排队等待。显然,电话亭门上的这个牌子就是一个表示电话亭是否已被占用的标志。因为这种标志特别像交叉路口上的交通信号灯,所以人们最初给这种标志起的名称就是信号灯,后来因为它含有量的概念,所以又称为信号量。

显然,对于前文介绍的红绿标志来说,这是一个二值信号量,而且它可以实现共享资源的独占式占用,因此称为互斥信号量。

如果电话亭可以允许多人打电话,那么电话亭门前就不应该是只有红色和绿色两种颜色状态的牌子,而应该是一个计数器,该计数器在每进去一个人时会自动减 1,而每出来一个人时会自动加 1。如果其初值按电话亭的最大容量来设置,那么来人只要见到计数器的值大于 0,就可以进去打电话;否则只好等待。这种计数式的信号称为信号量。

图 4.22 为两个任务在使用互斥信号量进行通信,从而可使这两个任务无冲突地访问一个共享资源的示意图。任务 1 在访问共享资源之前先进行请求信号量的操作,当任务 1 发

现信号量的标志为"1"时，它一方面把信号量的标志由"1"改为"0"，另一方面进行共享资源的访问。如果任务 2 在任务 1 已经获得信号之后请求信号量，那么由于它获得的标志值是"0"，所以任务 2 就只有等待而不能访问共享资源了(见图 4.22(a))。显然，这种做法可以有效地防止两个任务同时访问同一个共享资源所造成的冲突。

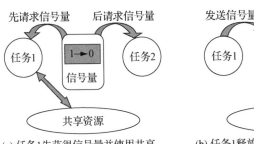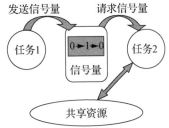

(a) 任务1先获得信号量并使用共享　　　(b) 任务1释放信号量后，任务2方可获得
　　资源，而任务2只能等待信号量　　　　　信号量并使用共享资源

图 4.22　两个任务使用互斥信号量进行通信的示意图

那么任务 2 何时可以访问共享资源呢？当然是在任务 1 使用完共享资源之后，由任务向信号量发送信号使信号量标志的值由"0"再变为"1"时，任务 2 就有机会访问共享资源了。与任务 1 一样，任务一旦获得了共享资源的访问权，那么在访问共享资源之前就一定要把信号量标志的值由"1"变为"0"(见图 4.22(b))。

下面的应用程序中有 MyTask 和 YouTask 两个用户任务，这两个任务都要访问同一个共享资源 s，但 YouTask 访问 s 需要的时间长一些(本例中使用了一个循环来模拟访问时间)，而 MyTask 访问 s 的时间短些，这样就不可避免地出现了在任务 YouTask 访问 s 期间，任务 MyTask 也来访问 s，从而出现干扰现象。

```
"includes.h"
#define TASK_STK_SIZE 512              //任务堆栈长度
char * SS;
oS_STK MyTaskStk[ TASK_STK_SIZE];      //定义任务堆栈区
oS_STK YouTaskStk[ TASK_STK_SIZE];     //定义任务堆栈区
INT16S key;                            //用于退出μC/OS Ⅱ的键
INT8U y1=0,y2=0;                       //字符显示位置
char * S;                              //定义要显示的字符
void MyTask(void * data);              //声明任务
void YouTask(void * data);             //声明任务
                                       //主函数

void main (void)
{
OSInit();                              //初始化μC/OS Ⅱ
PC_DoSSaveReturn();                    //保存 DOS 环境
PC_VectSet(ucos,oSCtxSw);              //安装μC/OS Ⅱ中断
//创建任务 MyTask，给任务传递参数，设置任务堆栈顶指针，使任务的优先级别为 0
OSTaskCreate(MyTask,(void *)0,&MyTaskStk[ TASK_STK_SIZE-1],0);
OSStart();                             //启动多任务管理
}
```

4.3.6 内存管理

在 ANSI C 中可以用 malloc()和 free()两个函数动态地分配内存和释放内存。但是，在嵌入式实时操作系统中，多次操作会把原来很大的一块连续内存区域逐渐地分割成许多非常小而且彼此又不相邻的内存区域，也就是内存碎片。这些碎片的大量存在，使程序到最后连非常小的内存也分配不到。在任务堆栈中，用 malloc()函数来分配堆栈时，曾经讨论过内存碎片的问题。另外，由于内存管理算法，malloc()和 free()函数执行时间是不确定的。

在 μC/OS II 中，操作系统把连续的大块内存按分区来管理。每个分区中有整数个大小相同的内存块，如图 4.23 所示。利用这种机制，μC/OS II 对 malloc()和 free()函数进行了改进，使它们可以分配和释放固定大小的内存块。这样，malloc()和 free()函数的执行时间也是固定的。

在一个系统中可以有多个内存分区，如图 4.24 所示。这样，用户的应用程序就可以从不同的内存分区中得到不同大小的内存块。但是，特定的内存块在释放时必须重新放回它以前所属的内存分区。显然，采用这样的内存管理算法，上面的内存碎片问题就得到了解决。

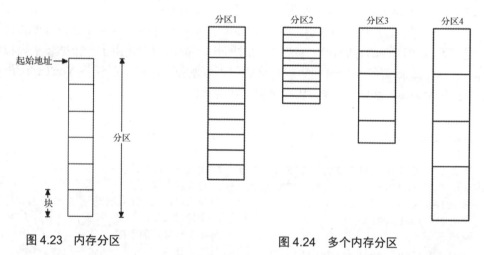

图 4.23 内存分区　　　　　　　　　图 4.24 多个内存分区

为了便于内存的管理，在 μC/OS II 中使用内存控制块(memory control blocks)的数据结构来跟踪每一个内存分区，系统中的每个内存分区都有自己的内存控制块。程序清单 L4-23 是内存控制块的定义。

程序清单 L4-23　内存控制块的数据结构

```
typedef struct
{
    void  *OSMemAddr;
    void  *OSMemFreeList;
    INT32U OSMemBlkSize;
    INT32U OSMemNBlks;
```

```
    INT32U  OSMemNFree;
} OS_MEM;
```

(1) .OSMemAddr 是指向内存分区起始地址的指针。它在建立内存分区时被初始化，在此之后就不能更改了。

(2) .OSMemFreeList 是指向下一个空闲内存控制块或者下一个空闲内存块的指针，具体含义要根据该内存分区是否已经建立来决定。

(3) .OSMemBlkSize 是内存分区中内存块的大小，是用户建立该内存分区时指定的。

(4) .OSMemNBlks 是内存分区中总的内存块数量，也是用户建立该内存分区时指定的。

(5) .OSMemNFree 是内存分区中当前的空闲内存块数量。

如果要在 μC/OS II 中使用内存管理，需要在 OS_CFG.H 文件中将开关量 OS_MEM_EN 设置为 1。这样 μC/OS II 在启动时就会对内存管理器进行初始化(由 OSInit()函数调用 OSMemInit()函数实现)。该初始化主要建立一个图 4.25 所示的内存控制块链表，其中的常数 OS_MAX_MEM_PART(见文件 OS_CFG.H)定义了最大的内存分区数，该常数值至少应为 2。

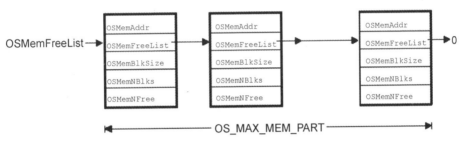

图 4.25　空闲内存控制块链表

(1) OSMemCreate()(建立内存分区)。

在使用内存分区之前，必须先建立该内存分区。这个操作可以通过调用 OSMemCreate()函数来完成。程序清单 L4-24 说明了如何建立一个含有 100 个内存块、每个内存块 32 B 的内存分区。

程序清单 L4-24　建立一个内存分区

```
OS_MEM *CommTxBuf;
INT8U CommTxPart[100][32];
void main (void)
{
    INT8U err;
    OSInit();
    CommTxBuf = OSMemCreate(CommTxPart, 100, 32, &err);
    OSStart();
}
```

程序清单 L4-25 是 OSMemCreate()函数的源代码。该函数共有 4 个参数，即内存分区的起始地址、分区内的内存块总块数、每个内存块的字节数和一个指向错误信息代码的指针。如果 OSMemCreate()操作失败，它将返回一个 NULL 指针；否则，它将返回一个指向内存控制块的指针。对内存管理的其他操作，像 OSMemGet()、OSMemPut()、OSMemQuery()

函数等，都要通过该指针进行。

每个内存分区必须含有至少两个内存块(L4-25(1))，每个内存块至少为一个指针的大小，因为同一分区中的所有空闲内存块是由指针串联起来的(L4-25(2))。接着 OSMemCreate() 函数从系统中的空闲内存控制块中取得一个内存控制块(L4-25(3))，该内存控制块包含相应内存分区的运行信息。OSMemCreate()函数必须在有空闲内存控制块可用的情况下才能建立一个内存分区(L4-25(4))。在上述条件均得到满足时，所要建立的内存分区内的所有内存块被链接成一个单向的链表(L4-25(5))。然后，在对应的内存控制块中填写相应的信息(L4-25(6))。完成上述各动作后，OSMemCreate()函数返回指向该内存块的指针，该指针在以后对内存块的操作中使用(L4-25(7))。

程序清单 L4-25　OSMemCreate()

```
OS_MEM *OSMemCreate (void *addr, INT32U nblks, INT32U blksize, INT8U *err)
{
    OS_MEM  *pmem;
    INT8U   *pblk;
    void    **plink;
    INT32U  i;
    if (nblks < 2) {                                            (1)
        *err = OS_MEM_INVALID_BLKS;
        return ((OS_MEM *)0);
    }
    if (blksize < sizeof(void *)) {                             (2)
        *err = OS_MEM_INVALID_SIZE;
        return ((OS_MEM *)0);
    }
    OS_ENTER_CRITICAL();
    pmem = OSMemFreeList;                                       (3)
    if (OSMemFreeList != (OS_MEM *)0) {
        OSMemFreeList = (OS_MEM *)OSMemFreeList->OSMemFreeList;
    }
    OS_EXIT_CRITICAL();
    if (pmem == (OS_MEM *)0) {                                  (4)
        *err = OS_MEM_INVALID_PART;
        return ((OS_MEM *)0);
    }
    plink = (void **)addr;                                      (5)
    pblk = (INT8U *)addr + blksize;
    for (i = 0; i < (nblks - 1); i++) {
        *plink = (void *)pblk;
        plink = (void **)pblk;
        pblk = pblk + blksize;
    }
    *plink = (void *)0;
    OS_ENTER_CRITICAL();
    pmem->OSMemAddr = addr;                                     (6)
    pmem->OSMemFreeList = addr;
    pmem->OSMemNFree = nblks;
    pmem->OSMemNBlks = nblks;
    pmem->OSMemBlkSize = blksize;
    OS_EXIT_CRITICAL();
```

```
    *err = OS_NO_ERR;
    return (pmem);                                                        (7)
}
```

图 4.26 为 OSMemCreate()函数完成后，内存控制块及对应的内存分区和分区内的内存
块之间的关系。在程序运行期间，经过多次的内存分配和释放后，同一分区内的各内存块
之间的链接顺序会发生很大的变化。

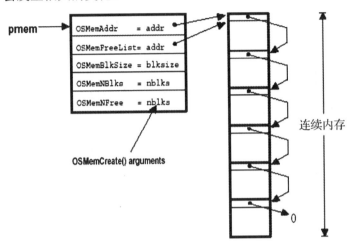

图 4.26　OSMemCreate()执行后，内存块之间的关系

(2) OSMemGet()(分配一个内存块)。

应用程序可以调用 OSMemGet()函数从已经建立的内存分区中申请一个内存块。该函
数的唯一参数是指向特定内存分区的指针，该指针在建立内存分区时，由 OSMemCreate()
函数返回。显然，应用程序必须知道内存块的大小，并且在使用时不能超过该容量。例
如，如果一个内存分区内的内存块为 32 B，那么应用程序最多只能使用该内存块中的
32 B。当应用程序不再使用这个内存块后，必须及时把它释放，重新放入相应的内存分区
中(见 OSMemPut())。

程序清单 L4-26 是 OSMemGet()函数的源代码。参数中的指针 pmem 指向用户希望从
其中分配内存块的内存分区(L4-26(1))。OSMemGet()函数首先检查内存分区中是否有空闲
的内存块(L4-26(2))。如果有，从空闲内存块链表中删除第一个内存块(L4-26(3))，并对空
闲内存块链表作相应的修改(L4-26(4))，这包括将链表头指针后移一个元素和空闲内存
块数减 1(L4-26(5))。最后，返回指向被分配内存块的指针(L4-26(6))。

程序清单 L4-26　OSMemGet()

```
void *OSMemGet (OS_MEM *pmem, INT8U *err)                                 (1)
{
    void *pblk;
    OS_ENTER_CRITICAL();
    if (pmem->OSMemNFree > 0) {                                           (2)
        pblk = pmem->OSMemFreeList;                                       (3)
        pmem->OSMemFreeList = *(void **)pblk;                            (4)
        pmem->OSMemNFree--;                                              (5)
        OS_EXIT_CRITICAL();
```

```
        *err = OS_NO_ERR;
        return (pblk);                                                    (6)
    } else {
        OS_EXIT_CRITICAL();
        *err = OS_MEM_NO_FREE_BLKS;
        return ((void *)0);
    }
}
```

值得注意的是，用户可以在中断服务子程序中调用 OSMemGet()函数，因为在暂时没有内存块可用的情况下，OSMemGet()函数不会等待，而是马上返回 NULL 指针。

(3) OSMemPut()(释放一个内存块)。

当用户应用程序不再使用一个内存块时，必须及时把它释放并放回到相应的内存分区中。这个操作由 OSMemPut()函数完成。必须注意的是，OSMemPut()函数并不知道一个内存块是属于哪个内存分区的。例如，用户任务从一个包含 32 B 内存块的分区中分配了一个内存块，用完后把它返还给一个包含 120 B 内存块的内存分区。当用户应用程序下一次申请 120 B 分区中的一个内存块时，它只会得到 32 B 的可用空间，其他 88 B 属于其他的任务，这就有可能使系统崩溃。

程序清单 L4-27 是 OSMemPut()函数的源代码。它的第一个参数 pmem 是指向内存控制块的指针，也即内存块属于的内存分区(L4-27(1))。OSMemPut()函数首先检查内存分区是否已满(L4-27(2))。如果已满，则说明系统在分配和释放内存时出现了错误；如果未满，则要释放的内存块被插入该分区的空闲内存块链表中(L4-27(3))。最后，将分区中空闲内存块总数加 1(L4-27(4))。

程序清单 L4-27　OSMemPut()

```
INT8U OSMemPut (OS_MEM  *pmem, void *pblk)                                 (1)
{
    OS_ENTER_CRITICAL();
    if (pmem->OSMemNFree >= pmem->OSMemNBlks) {                            (2)
        OS_EXIT_CRITICAL();
        return (OS_MEM_FULL);
    }
    *(void **)pblk = pmem->OSMemFreeList;                                  (3)
    pmem->OSMemFreeList = pblk;
    pmem->OSMemNFree++;                                                    (4)
    OS_EXIT_CRITICAL();
    return (OS_NO_ERR);
}
```

(4) OSMemQuery()(查询一个内存分区的状态)。

在 μC/OS II 中，可以使用 OSMemQuery()函数来查询一个特定内存分区的有关消息。通过该函数可以知道特定内存分区中内存块的大小、可用内存块数和正在使用的内存块数等信息。所有这些信息都放在一个名为 OS_MEM_DATA 的数据结构中，如程序清单 L4-28 所示。

程序清单 L4-28　OS_MEM_DATA 数据结构

```
typedef struct
 {
    void *OSAddr;        /* 指向内存分区首地址的指针 */
    void *OSFreeList;    /* 指向空闲内存块链表首地址的指针 */
    INT32U OSBlkSize;    /* 每个内存块所含的字节数 */
    INT32U OSNBlks;      /* 内存分区总的内存块数 */
    INT32U OSNFree;      /* 空闲内存块总数 */
    INT32U OSNUsed;      /* 正在使用的内存块总数 */
} OS_MEM_DATA;
```

程序清单 L4-29 是 OSMemQuery()函数的源代码，它将指定内存分区的信息复制到 OS_MEM_DATA 定义的变量的对应域中。在此之前，代码首先禁止了外部中断，防止复制过程中某些变量值被修改(L4-29(1))。由于正在使用的内存块数是由 OS_MEM_DATA 中的局部变量计算得到，所以可以放在中断屏蔽(critical section)的外面。

程序清单 L4-29　OSMemQuery()

```
INT8U OSMemQuery (OS_MEM *pmem, OS_MEM_DATA *pdata)
{
    OS_ENTER_CRITICAL();
    pdata->OSAddr = pmem->OSMemAddr;                      (1)
    pdata->OSFreeList = pmem->OSMemFreeList;
    pdata->OSBlkSize = pmem->OSMemBlkSize;
    pdata->OSNBlks = pmem->OSMemNBlks;
    pdata->OSNFree = pmem->OSMemNFree;
    OS_EXIT_CRITICAL();
    pdata->OSNUsed = pdata->OSNBlks - pdata->OSNFree;     (2)
    return (OS_NO_ERR);
}
```

图 4.27 是一个演示如何使用 μC/OS Ⅱ 中的动态分配内存功能，以及利用它进行消息传递的例子。程序清单 L4-30 是这个例子中两个任务的示意代码，其中一些重要代码的标号和图 4.27 中括号内用数字标识的动作是相对应的。

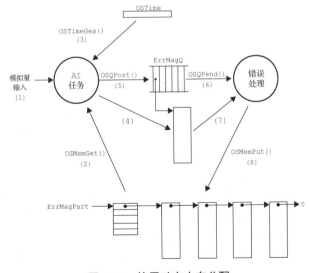

图 4.27　使用动态内存分配

第一个任务读取并检查模拟输入量的值(如气压、温度、电压等)，如果其超过了一定的阈值，就向第二个任务发送一个消息。该消息中含有时间信息、出错的通道号和错误代码等可以想象的任何可能的信息。

错误处理程序是该例子的中心。任何任务、中断服务子程序都可以向该任务发送出错消息。错误处理程序则负责在显示设备上显示出错信息，在磁盘上登记出错记录，或者启动另一个任务对错误进行纠正等。

程序清单 L4-30　内存分配的例子——扫描模拟量的输入和报告出错

```
AnalogInputTask()
{
    for (;;) {
        for (所有的模拟量都有输入) {
            读入模拟量输入值;                                        (1)
            if (模拟量超过阈值) {
                得到一个内存块;                                       (2)
                得到当前系统时间(以时钟节拍为单位);                    (3)
                将下列各项存入内存块:                                 (4)
                    系统时间(时间戳);
                    超过阈值的通道号;
                    错误代码;
                    错误等级;
                    等;
                向错误队列发送错误消息;                               (5)
                    (一个指向包含上述各项的内存块的指针)
            }
        }
        延时任务,直到要再次对模拟量进行采样时为止;
    }
}
ErrorHandlerTask()
{
    for (;;) {
        等待错误队列的消息;                                           (6)
            (得到指向包含有关错误数据的内存块的指针)
        读入消息,并根据消息的内容执行相应的操作;                      (7)
        将内存块放回到相应的内存分区中;                               (8)
    }
}
```

(5)　等待一个内存块。

在内存分区暂时没有可用空闲内存块的情况下，让一个申请内存块的任务等待也是有用的。但是，μC/OS Ⅱ 本身在内存管理上并不支持这项功能。如果确实需要，则可以通过为特定内存分区增加信号量的方法，实现这种功能。应用程序为了申请分配内存块，首先要得到一个相应的信号量，然后才能调用 OSMemGet()函数。整个过程见程序清单 L4-31。

程序代码首先定义了程序中使用到的各个变量(L4-31(1))。在该例中，直接使用数字定义了各个变量的大小。实际应用中，建议将这些数字定义成常数。在系统复位时，μC/OS Ⅱ调用 OSInit()函数进行系统初始化(L4-31(2))，然后用内存分区中总的内存块数来初始化一个信号量(L4-31(3))，紧接着建立内存分区(L4-31(4))和相应的要访问该分区的任务(L4-

31(5))。至此，对如何增加其他的任务也已经很清楚了。显然，如果系统中只有一个任务使用动态内存块，就没有必要使用信号量了。这种情况不需要保证内存资源的互斥。事实上，除非要实现多任务共享内存，否则连内存分区都不需要。多任务执行从 OSStart()函数开始(L4-31(6))。当一个任务运行时，只有在信号量有效时(L4-31(7))，才有可能得到内存块(L4-31(8))。一旦信号量有效，就可以申请内存块并使用它，而没有必要对 OSSemPend()函数返回的错误代码进行检查。因为在这里，只有当一个内存块被其他任务释放并放回到内存分区后，μC/OS Ⅱ 才会返回到该任务中去执行。同理，对 OSMemGet()函数返回的错误代码也无须做进一步检查(一个任务能得以继续执行，内存分区中至少有一个内存块是可用的)。当一个任务不再使用某内存块时，只需简单地将它释放并返还到内存分区(L4-31(9))，并发送该信号量(L4-31(10))。

程序清单 L4-31　等待从一个内存分区中分配内存块

```
OS_EVENT  *SemaphorePtr;                                      (1)
OS_MEM  *PartitionPtr;
INT8U  Partition[100][32];
OS_STK  TaskStk[1000];
void main (void)
{
   INT8U err;
   OSInit();                                                  (2)
   SemaphorePtr = OSSemCreate(100);                           (3)
   PartitionPtr = OSMemCreate(Partition, 100, 32, &err);      (4)
   OSTaskCreate(Task, (void *)0, &TaskStk[999], &err);        (5)
   OSStart();                                                 (6)
}
void Task (void *pdata)
{
   INT8U  err;
   INT8U *pblock;
for (;;)
 {
     OSSemPend(SemaphorePtr, 0, &err);                        (7)
     pblock = OSMemGet(PartitionPtr, &err);                   (8)
     /* 使用内存块 */
     OSMemPut(PartitionPtr, pblock);                          (9)
     OSSemPost(SemaphorePtr);                                 (10)
   }
}
```

第 5 章　STemWin 开发

本章学习目标

1. 掌握 STemWin 的概念及应用，能够设计简单的人机交互界面。

2. 了解移植概念及方法，能够将 STemWin 移植到无操作系统及µC/OS II 操作系统两种平台上。

3. 掌握 GUIBuilder 神器的使用方法。

4. 能够将本章知识点综合应用到实际项目中。

5.1　STemWin 概述

在实际应用中，时常需要制作 UI 界面来实现人机交互，简单的 UI 可以自己直接写代码，但是对于那些复杂的交互方式和绚丽的界面自己来做就比较困难了。STemWin 中提供了很多控件，可以使用这些控件来完成复杂的界面设计。为了方便开发可以使用第三方的 GUI 库来做 UI 界面设计，在 STM32 上常用的 GUI 库莫过于 UCGUI，而 UCGUI 的高级版本就是 emWin，而 STemWin 是 SEGGER 授权给 ST 的 emWin 版本，ST 的芯片可以免费使用 STemWin，而且 STemWin 针对 ST 的芯片做了优化。因此，STemWin 是 ST 公司用于 ST 芯片制作 UI 界面的控件库的集合。

5.2　STemWin 在 STM32 系列微控制器上的移植

本节将向大家介绍如何在 STM32F1 开发板上移植 STemWin，其在移植过程中适配了 ALIENTEK 的 2.8 英寸、3.5 英寸、4.3 英寸和 7 英寸(SSD1963)这 4 种不同尺寸和分辨率的屏幕。本节分为 6 个部分，即移植准备工作、向工程添加文件、修改工程文件、触摸屏移植、综合测试程序编写、下载验证。

5.2.1　移植准备工作

1. 建立移植基础工程

在移植 STemWin 之前首先要建立一个基础工程，然后在这个基础工程上添加文件，因为在以后的 STemWin 实验中使用了内存管理，因此这个基础工程就使用内存管理实验的工程，将内存管理实验的整个工程复制过来。注意：战舰版、精英版和 Mini 版应复制各自所对应的内存管理实验工程。这里要对内存管理实验的工程进行一点小的修改，因为在内存管理实验工程中存在与 STemWin 重名的文件和变量，这些重名的文件和变量需要修改一下。修改步骤如下。

(1) 将 HARDWARE 文件夹下的 LCD 驱动程序文件 lcd.h 和 lcd.c 改为 ILI93xx.h 和

ILI93xx.c。

(2) 将 ILI93xx.c 中的 LCD_Init 改为 TFTLCD_Init。

(3) 如果是战舰版和精英版，会在 ILI93xx.h 中有如下代码，这里定义了一个 LCD 宏，将宏 LCD 改为宏 TFTLCD，记得将整个工程中的 LCD 都要改为 TFTLCD。注意：Mini 版没有宏 LCD。

```
#define LCD ((LCD_TypeDef *) LCD_BASE)
```

2. 准备 STemWin 源文件

要移植 STemWin，首先要有源文件，STemWin 源代码可以在 ST 官网上下载。最新版的 STemWin 对应着 5.26 版本的 EMWIN，但是直接在 ST 官网上搜索 STemWin，搜索到的是 5.22 版本的 EMWIN。5.26 版本的 EMWIN 在 ST 新出的 Cube 中，因为要移植到 STM32F103 的芯片上，因此需要下载 STM32F103 对应的 Cube，STM32F1 系列芯片用到的 Cube 为 STM32CubeF1，当前最新的 STM32CubeF1 版本为 1.0.0，下载地址是 http://www.st.com/web/catalog/tools/FM147/CL1794/SC961/SS1743/LN1897/PF260820?s_searchty pe=partnumber，下载界面如图 5.1 所示。已经下载好放在光盘中，路径：6，软件资料\EMWIN 学习资料\stm32cubef1。

图 5.1　STM32CubeF1 下载页面

下载解压后的文件名为 STM32Cube_FW_F1_V1.0.0，STiemWin 源文件就在这个文件夹中，但是这个文件夹里还有一些其他文件，这些文件不用管，只需要提出想要的 STemWin 源代码，STemWin 源代码路径为：STM32Cube_FW_F1_V1.0.0\Middlewares\ST\STemWin，即 STemWin 源代码，如图 5.2 所示(注意图中的路径)。

图 5.2　STemWin 源代码

打开 STemWin，其中有 7 个文件，每个文件的说明如表 5.1 所示。

表 5.1　STemWin 各文件说明

文　件	说　明
Config	LCD 接口以及 emWin 配置文件
Documentation	STemWin 的函数说明文档
inc	STiemWin 函数的头文件
Lib	STemWin 的函数库
OS	裸机或使用 OS 情况下的驱动
Simulation	仿真用文件
Software	使用到的一些软件

5.2.2　向工程添加文件

移植所需要的基础工程文件并且 STemWin 源代码准备好之后就可以将 STemWin 添加到工程文件中，在基础工程文件目录下新建 EMWIN 文件夹，然后将 STemWin 源代码复制到 EMWIN 文件夹中，最后按图 5.3 所示向工程文件中添加 STemWin 和相应的头文件路径。

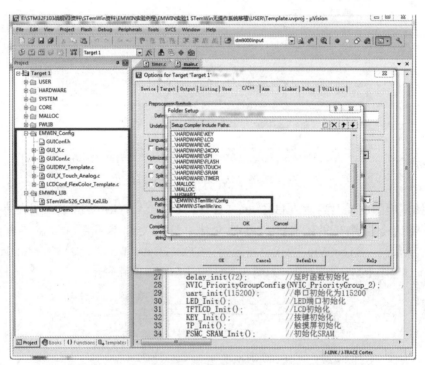

图 5.3　添加 STemWin 源代码后的工程文件

图 5.3 中各个文件的功能在 STemWin 源代码中的位置如表 5.2 所示。

表 5.2　工程中各个文件的功能与位置

文　件	功　能	位　置
GUI_X.c	GUI 所依赖的外部配置/系统	OS 文件下
GUIConf.c	GUI 初始化配置	Config 文件下
GUIConf.h	GUI 配置设置	
GUIDRV_Template.c	GUI 读点、画点、画线等函数配置	
LCDConf_FlexColor_Template.c	LCD 初始化配置	
STemWin526_CM3_Keil.lib	STemWin 函数库	Lib 文件下

打开 STemWin 源代码 STemWin 里的 Lib 文件，如图 5.4 所示。STemWin 为不同的编译环境做了不同的库，而且分为带 OS 和不带 OS 两个版本。Lib 文件太大，因此只保留适合所使用开发环境的带 OS 和不带 OS 的两种库文件。因为这里使用的是 Keil，所以只保留 STemWin526_CM3_Keil.lib 和 STemWin526_CM3_OS_Keil.lib 这两个库，其他的库删掉。如果使用的是其他内核的 MCU 和开发环境，应选择相应的库文件，本节介绍的是无操作系统 STiemWin 的移植，因此在工程文件中添加 STemWin526_CM3_Keil.lib 库文件，如果带 OS 就选择另一个库文件。上一节讲了 STemWin 文件夹下有 7 个文件，这里为了减小工程文件所占内存的大小，将 Documentation、Software、Simulation 这 3 个文件删掉，这样整个工程文件就小了很多。

图 5.4　STemWin 库文件

工程文件添加完成后编译，提示没有 LCDConf.h 文件，新建一个 LCDConf.h 文件放到 STemWin 源代码下的 Config 文件下，LCDConf.h 中可以不写任何程序，添加完成后再编译一次就没有任何错误了。如果还有错误提示，则根据错误类型来修改，直至编译没有错误提示为止。

5.2.3　修改工程文件

1. 修改 GUIConf.h 文件

在 GUIConf.h 文件中定义了是否使用操作系统、鼠标、窗口管理等信息，还定义了默认字体，GUIConf.h 文件代码如下：

```
#ifndef GUICONF_H
#define GUICONF_H
#define GUI_NUM_LAYERS 2              //显示的最大层数
#define GUI_OS  (0)                   //不使用操作系统
#define GUI_SUPPORT_TOUCH  (0)        //不支持触摸
#define GUI_DEFAULT_FONT    &GUI_Font6x8  //默认字体
#define GUI_SUPPORT_MOUSE  (1)        //支持鼠标
#define GUI_WINSUPPORT  (1)           //支持窗口管理
#define GUI_SUPPORT_MEMDEV  (1)       //支持存储设备
#define GUI_SUPPORT_DEVICES (1)       //使用设备指针
#endif
```

2. 修改 GUIConf.c 文件

在 GUIConf.c 文件中定义了 STemWin 所使用的内存，在这里使用内存管理实验中的内存管理函数来为 STemWin 分配内存，这样做的好处就是可以使用外部 1 MB 的 SRAM。GUIConf.c 文件代码如下，通过定义 USE_EXRAM 来决定是否使用外部 SRAM。

注意，由于精英版没有外部 SRAM，所以宏 USE_EXRAM 只能为 0，并且 GUI_NUMBYTES 要小于 STM32F103ZET6 自带的内存(64 KB)。

```
#include "GUI.h"
#include "sram.h"
#include "malloc.h"
#define USE_EXRAM   0//不使用外部 SRAM
#define GUI_NUMBYTES    (100*1024) //设置 EMWIN 内存大小
#define GUI_BLOCKSIZE 0X80 //块大小
//GUI_X_Config
//初始化时调用，用来设置 emWin 所使用的内存
void GUI_X_Config(void)
{
if(USE_EXRAM) //使用外部 RAM
{
//从外部 SRAM 中分配 GUI_NUMBYTES 字节的内存
U32 *aMemory = mymalloc(SRAMEX,GUI_NUMBYTES);
//为存储管理系统分配一个存储块
GUI_ALLOC_AssignMemory((void*)aMemory, GUI_NUMBYTES);
//设置存储块的平均尺寸，该区越大，可用的存储块数量越少
GUI_ALLOC_SetAvBlockSize(GUI_BLOCKSIZE);
GUI_SetDefaultFont(GUI_FONT_6X8); //设置默认字体
}else   //使用内部 RAM
{
//从内部 RAM 中分配 GUI_NUMBYTES 字节的内存
U32 *aMemory = mymalloc(SRAMIN,GUI_NUMBYTES);
//为存储管理系统分配一个存储块
GUI_ALLOC_AssignMemory((U32 *)aMemory, GUI_NUMBYTES);
//设置存储块的平均尺寸，该区越大，可用的存储块数量越少
GUI_ALLOC_SetAvBlockSize(GUI_BLOCKSIZE);
```

```
GUI_SetDefaultFont(GUI_FONT_6X8); //设置默认字体
}
}
```

3. 修改 GUIDRV_Template.c 文件

在这个文件中要完成 STemWin 的打点、读点、填充等函数的实现，最后还优化了 16BPP，这个文件是移植的重点，优化好文件中的代码会极大地提升 STemWin 的性能。在这个文件中需要修改 4 个函数，即_SetPixelIndex()、_GetPixelIndex()、_FillRect()和_DrawBitLine16BPP()，修改后的 4 个函数如下：

```
//STemWin 中的打点函数
static void _SetPixelIndex(GUI_DEVICE * pDevice, int x, int y, int
PixelIndex)
{
LCD_Fast_DrawPoint(x,y,PixelIndex); //调用 ILI93xx.c 文件中的快速打点函数
}
//STemWin 中的读点函数
static unsigned int _GetPixelIndex(GUI_DEVICE * pDevice, int x, int y)
{
unsigned int PixelIndex;
#if (LCD_MIRROR_X == 1) || (LCD_MIRROR_Y == 1) || (LCD_SWAP_XY == 1)
int xPhys, yPhys;

xPhys = LOG2PHYS_X(x, y);
yPhys = LOG2PHYS_Y(x, y);
#else
#define xPhys x
#define yPhys y
#endif
GUI_USE_PARA(pDevice);
GUI_USE_PARA(x);
GUI_USE_PARA(y);
{
PixelIndex = LCD_ReadPoint(x,y);    //调用 ILI93xx.c 文件中的读点函数
}
#if (LCD_MIRROR_X == 0) && (LCD_MIRROR_Y == 0) && (LCD_SWAP_XY == 0)
#undef xPhys
#undef yPhys
#endif
return PixelIndex;
}
//STemWin 中向指定区域填充指定颜色函数
static void _FillRect(GUI_DEVICE * pDevice, int x0, int y0, int x1, int
y1)
{
LCD_Fill(x0,y0,x1,y1,LCD_COLORINDEX);    //调用 ILI93xx.c 文件中的填充函数
}
//STemWin 中绘制 16BPP 位图函数
static void _DrawBitLine16BPP(GUI_DEVICE * pDevice, int x, int y, \
U16 const GUI_UNI_PTR * p, int xsize)
{
LCD_PIXELINDEX pixel;
```

```
LCD_SetCursor(x,y);
*(__IO uint16_t *)(UCGUI_LCD_CMD) = lcddev.wramcmd;    //写入颜色值
for (;xsize > 0; xsize--, x++, p++)
{
pixel = *p;
*( IO uint16_t *)(UCGUI_LCD_DATA) =pixel;
}
}
```

4. 修改 LCDConf_FlexColor_Template.c 文件

这个文件有 LcdWriteReg()、LcdWriteData()、LcdWriteDataMultiple()、LcdReadDataMultiple()、LCD_X_Config()和 LCD_X_DisplayDriver()这 6 个函数。因为 STemWin 自带一些 LCD 驱动 IC 的驱动程序，使用前 4 个函数可以直接使用 STemWin 的 LCD 驱动程序，但是在实际使用中会有很多 LCD 驱动 IC 是 STemWin 自带的驱动程序不支持的，所以这里没有使用这 4 个函数，而是使用自己的 LCD 初始化函数 TFTLCD_Init()来初始化 LCD，并且通过 GUIDRV_Template.c 文件将打点和读点等函数封装起来传递给 STemWin。在这里把这 4 个函数删除掉，只留下 LCD_X_Config() 和 LCD_X_DisplayDriver()这两个函数。LCD_X_Config() 函数代码如下：

```
void LCD_X_Config(void)
{
//创建显示驱动器件
GUI_DEVICE_CreateAndLink(&GUIDRV_Template_API, GUICC_M565, 0, 0);
LCD_SetSizeEx  (0, lcddev.width, lcddev.height);
LCD_SetVSizeEx (0, lcddev.width, lcddev.height);
}
```

上面代码中的 GUI_DEVICE_CreateAndLink()函数用来创建显示驱动器件，设置用于存取显示器的颜色转换程序，并将驱动器件连接到给定层的器件列表。函数的第一个参数是一个指向结构体的指针，这个结构体就是显示器的驱动，因为 STemWin 自带一些液晶 IC 的驱动，因此这里可以选择相应的驱动程序，具体使用可查阅《emWin 手册》的"显示驱动"章节。第二个参数是指定所使用的调色板，STemWin 中有很多调色板可以使用，具体使用可查阅《emWin 手册》的"颜色"章节。在这里使用的是 GUICC_M565 的调色板，也就是 RGB565。最后根据 LCD 尺寸来设置屏幕的大小。

5. 编写测试代码

至此，STemWin 的移植已经基本完成，可以编写测试代码来测试移植是否成功。测试代码如下：

```
NVIC_PriorityGroupConfig(NVIC_PriorityGroup_2);    //中断分组配置
uart_init(115200);        //串口波特率设置
LED_Init();               //LED 初始化
TFTLCD_Init();            //LCD 初始化
FSMC_SRAM_Init();         //SRAM 初始化
mem_init(SRAMIN);         //初始化内部内存池
mem_init(SRAMEX);         //初始化外部内存池
mem_init(SRAMCCM);        //初始化 CCM 内存池
```

```
RCC_AHB1PeriphClockCmd(RCC_AHB1Periph_CRC,ENABLE);//开启 CRC 时钟
GUI_Init();                                        //STemWin 初始化
GUI_SetBkColor(GUI_BLUE);                          //设置背景颜色
GUI_SetColor(GUI_YELLOW);                          //设置颜色
GUI_Clear();                                       //清屏
GUI_SetFont(&GUI_Font24_ASCII);                    //设置字体
GUI_DispStringAt("Hello Word!",0,0);               //在指定位置显示字符串
while(1);
}
```

在使用 STiemWin 之前一定要先使用能 CRC 的时钟；否则 STemWin 不能使用。测试代码很简单，是在 LCD 上的(0,0)坐标处显示"Hello World!"，可以在 LCD 初始化函数 TFTLCD_Init()中使用 LCD_Scan_Dir()函数来改变横竖屏，在这里使用的是横屏，测试效果如图 5.5 所示。

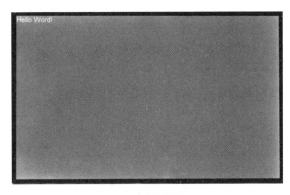

图 5.5　测试效果

5.2.4　触摸屏移植

STemWin 是支持触摸屏的，本小节将介绍移植触摸屏的相关内容。

1. 修改和添加触摸屏底层驱动程序

首先要将底层的触摸屏驱动添加到工程文件中，这个过程大家已经都知道是怎么添加的，这里需要将 touch.c、gt9147.c、ott2001a 和 ft5206.c 这 4 个文件添加到工程文件中。注意，还有它们相对应的头文件路径。

2. 添加 GUI_X_Touch_Analog.c 文件

在工程文件中添加 GUI_X_Touch_Analog.c 文件，文件代码如下：

```
#include "GUI.h"
#include "touch.h"
#include "ILI93xx.h"
#include "usart.h"
void GUI_TOUCH_X_ActivateX(void)
{
// XPT2046_WriteCMD(0x90);
}
void GUI_TOUCH_X_ActivateY(void)
```

```
{
//XPT2046_WriteCMD(0xd0);
}
int GUI_TOUCH_X_MeasureX(void)
{
int32_t xvalue;
//电容屏的触摸值获取(使用 NT5510 和 SSD1963 芯片的 4.3 英寸和 7 英寸屏都是电容屏)
 if((lcddev.id == 0X5510) || (lcddev.id == 0X1963))
{
tp_dev.scan(0);
 xvalue=tp_dev.x[0];
return xvalue;
}else    //电阻屏
{
return TP_Read_XOY(0XD0);   //CMD_RDX=0XD0
}
}
int GUI_TOUCH_X_MeasureY(void)
{
int32_t yvalue;
//电容屏的触摸值获取(使用 NT5510 和 SSD1963 芯片的 4.3 英寸和 7 英寸屏都是电容屏)
if((lcddev.id == 0X5510) || (lcddev.id == 0X1963))
{
tp_dev.scan(0);
yvalue = tp_dev.y[0];
return yvalue;
}else    //电阻屏
{
return TP_Read_XOY(0X90);   //CMD_RDX=0XD0
}
}
```

GUI_X_Touch_Analog.c 文件有 4 个函数，即 GUI_TOUCH_X_ActivateX()、GUI_TOUCH_X_ActivateY()、GUI_TOUCH_X_MeasureX()和 GUI_TOUCH_X_MeasureY()。其中，前两个没有用到，STemWin 真正调用 GUI_TOUCH_X_MeasureX()和 GUI_TOUCH_X_MeasureY 这两个函数来获取触摸屏按下时的 X 轴和 Y 轴 AD 值。这里根据 LCD 的 ID 不同来判断触摸屏使用的是电容屏还是电阻屏，并分别做相应的处理，也就是调用不同的函数。

3. 修改 GUIConf.h 和 LCDConf_FlexColor_Template.c 文件

将 GUIConf.h 文件中的 GUI_SUPPORT_TOUCH 定义为 1，使 STemWin 支持触摸屏。在 LCDConf_FlexColor_Template.c 文件的开始添加以下代码：

```
#define TOUCH_AD_TOP 160
#define TOUCH_AD_BOTTOM 3900     //根据实际情况填写
#define TOUCH_AD_LEFT  160
#define TOUCH_AD_RIGHT 3990
void Mytouch_MainTask(void)
{
GUI_PID_STATE TouchState;
int xPhys;
int yPhys;
GUI_Init();
```

```
GUI_SetFont(&GUI_Font20_ASCII);
GUI_CURSOR_Show();
GUI_CURSOR_Select(&GUI_CursorCrossL);
GUI_SetBkColor(GUI_WHITE);
GUI_SetColor(GUI_BLACK);
GUI_Clear();
GUI_DispString("Measurement of\nA/D converter values");
while (1)
{
GUI_TOUCH_GetState(&TouchState);          //获取像素的触摸位置
xPhys GUI_TOUCH_GetxPhys();               //在 xPhys 中获取 A/D 测量结果
GUI_TOUCH_GetyPhys();                     //在 xPhys 中获取 A/D 的测量结果
GUI_SetColor(GUI_BLUE);
GUI_DispStringAt("Analog input:\n", 0, 40);
GUI_GotoY(GUI_GetDispPosY() + 2);
GUI_DispString("x:");
GUI_DispDec(xPhys, 4);
GUI_DispString(", y:");
GUI_DispDec(yPhys, 4);
GUI_SetColor(GUI_RED);
GUI_GotoY(GUI_GetDispPosY() + 4);
GUI_DispString("\nPosition:\n");
GUI_GotoY(GUI_GetDispPosY() + 2);
GUI_DispString("x:");
GUI_DispDec(TouchState.x,4);
GUI_DispString(", y:");
GUI_DispDec(TouchState.y,4);
delay_ms(50);
};
}
```

当单击触摸屏时，此函数将单击处的触摸屏 AD 值显示在 LCD 上，程序执行结果如图 5.6 所示，屏幕为竖屏，其中，蓝色为原始的 AD 值，红色的为屏幕坐标值。

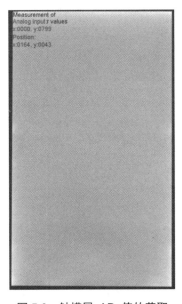

图 5.6　触摸屏 AD 值的获取

4. 修改 LCDConf_FlexColor_Template.c 文件中的 LCD_X_Config()函数

修改后的函数如下。

```
void LCD_ X_ _Config(void)
{
//创建显示驱动器件
GUI_ DEVICE_ CreateAndLink( &GUIDRV_ _Template_ API,GUICC_ M565,0,0);
LCD_ SetSizeEx(0,Icddev.width,lcddev.height);
LCD_ SetVSizeEx(0,lcddev.width,lcddev.height);
if(lcddev.id == 0X5510) //0X5510 为 4.3 英寸 800×480 的屏
if(Icddev.dir== 0) //竖屏
{
GUI _TOUCH_ Calibrate(GUI_ _COORD_ _X,0,480,0,479);
GUI_ _TOUCH_ _Calibrate(GUI_ COORD_ Y,0,800,0,799);
}else //横屏
{
//GUI_TOUCH_SetOrientation(GUI_SWAP_XY|GUI_MIRROR_Y);
GUI_TOUCH_Calibrate(GUI_COORD_X,0,480,0,479);
GUI_TOUCH_Calibrate(GUI_COORD_Y,0,800,0,799);
}
}else if(lcddev.id == 0X1963)//1963 为 7 英寸 800×480 的屏
{
if(lcddev.dir == 0) //竖屏
{
//GUI_TOUCH_SetOrientation(GUI_SWAP_XY|GUI_MIRROR_Y);
GUI_TOUCH_Calibrate(GUI_COORD_X,0,800,0,799);
GUI_TOUCH_Calibrate(GUI_COORD_Y,0,480,0,479);
}else //横屏
{
GUI_TOUCH_Calibrate(GUI_COORD_X,0,800,0,799);
GUI_TOUCH_Calibrate(GUI_COORD_Y,0,480,0,479);
}
}else if(lcddev.id == 0X5310 || lcddev.id == 0X6804)
//0X5510 0X6804 为 3.5 英寸 320×480 的屏
{
if(lcddev.dir == 0) //竖屏
{
GUI_TOUCH_Calibrate(GUI_COORD_X,0,320,3931,226);
GUI_TOUCH_Calibrate(GUI_COORD_Y,0,480,3812,196);
}else //横屏
{
GUI_TOUCH_SetOrientation(GUI_SWAP_XY|GUI_MIRROR_Y);
GUI_TOUCH_Calibrate(GUI_COORD_X,0,320,3931,226);
GUI_TOUCH_Calibrate(GUI_COORD_Y,0,480,3812,196);
}
}
else     //其他屏幕全部默认为 2.8 英寸，320×240
{
if(lcddev.dir == 0) //竖屏
{
GUI_TOUCH_Calibrate(GUI_COORD_X,0,lcddev.width,155,3903);
GUI_TOUCH_Calibrate(GUI_COORD_Y,0,lcddev.height,188,3935);
}else //横屏
```

```
{
GUI_TOUCH_SetOrientation(GUI_SWAP_XY|GUI_MIRROR_Y);
GUI_TOUCH_Calibrate(GUI_COORD_X,0,240,155,3903);
GUI_TOUCH_Calibrate(GUI_COORD_Y,0,320,188,3935);
}
}
}
```

注意：这里在处理电容屏时并没有测量上面 4 个 AD 值，并且写入函数中。因为电容屏直接读出来的点坐标就是 LCD 屏幕上相对应的点坐标，不需要校准，但是 GUI_TOUCH_Calibrate()函数的第 4、5 两个参数还是要写的，这两个参数本来是需要测量的，这里就直接根据屏幕的大小写进去。如果屏幕 X 轴大小为 480，Y 轴大小为 800，函数 GUI_TOUCH_Calibrate()的参数就可以按照如下程序配置，注意第 4、5 个参数的设置：

```
GUI_TOUCH_Calibrate(GUI_COORD_X,0,480,0,479);
GUI_TOUCH_Calibrate(GUI_COORD_Y,0,800,0,799);
```

至此，触摸屏部分移植完成。

5.2.5　综合测试程序编写

触摸屏移植完成后可以移植 STemWin 的官方 Demo 来测试移植是否正确，官方的 Demo 需要操作系统提供系统时钟。本节介绍移植时并没有使用操作系统，这里使用定时器来提供系统时钟，官方 Demo 中还需要定时调用 GUI_TOUCH_Exec()函数来定时处理触摸屏事件。因此，这里使用定时器 3 来提供系统时钟，使用定时器 6 来进行周期调用。

GUI_TOUCH_Exec()函数处理触摸屏事件，定时器 3 和定时器 6 的中断服务函数代码如下：

```
//定时器 3 中断服务函数
void TIM3_IRQHandler(void)
{
if(TIM_GetITStatus(TIM3,TIM_IT_Update)==SET)  //溢出中断
{
OS_TimeMS++;
}
TIM_ClearITPendingBit(TIM3,TIM_IT_Update); //清除中断标志位
}
//定时器 6 中断服务函数
void TIM6_IRQHandler(void)
{
if(TIM_GetITStatus(TIM6,TIM_IT_Update)!=RESET)
{
GUI_TOUCH_Exec();
}
TIM_ClearITPendingBit(TIM6,TIM_IT_Update); //清除中断标志位
}
```

从定时器 3 的中断服务函数中可以看出，通过对 OS_TimeMS 这个全局变量加 1 来提供系统时钟。接下来，将 Demo 移植到工程文件中，这个移植过程非常简单，只要将 Demo 复制到工程文件中，并将其加入工程文件中就可以了，编译后会提示在 GUIDEMO.c

文件中不能打开 bsp.h 头文件，将添加 bsp.h 文件的这句话注销掉。添加 Demo 完成后的工程文件如图 5.7 所示。

图 5.7　添加 Demo

接下来，编写主函数。在主函数中首先完成相应外设的初始化，然后初始化 GUI，初始化完成后调用 GUIDEMO_Main()函数，记得一定要开启 CRC 时钟。主函数代码如下：

```
int main(void)
{
    delay_init();              //延时函数初始化
    NVIC_PriorityGroupConfig(NVIC_PriorityGroup_2);    //设置 NVIC 中断分组
2:2 位抢占优先级，2 位响应优先级
    uart_init(115200);         //串口初始化为 115200
LED_Init();                    //LED 端口初始化
    TFTLCD_Init();             //LCD 初始化
    KEY_Init();                //按键初始化
TP_Init();                     //触摸屏初始化
    FSMC_SRAM_Init();          //初始化 SRAM
    TIM3_Int_Init(999,71);     //1 KHz 定时器 1 ms
    TIM6_Int_Init(999,719);    //10 ms 中断
    my_mem_init(SRAMIN);       //初始化内部内存池
    my_mem_init(SRAMEX);       //初始化外部内存池
```

```
RCC_AHBPeriphClockCmd(RCC_AHBPeriph_CRC,ENABLE);
//使能 CRC 时钟，否则 STemWin 不能使用
WM_SetCreateFlags(WM_CF_MEMDEV);
GUI_Init();
GUIDEMO_Main();
while(1);
}
```

为了流畅地使用 STemWin，需要修改启动 startup_stm32f40_41xxx.s 文件的堆栈大小，如图 5.8 所示。

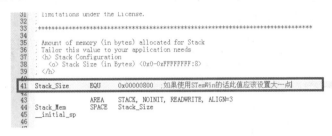

图 5.8　修改后的启动文件堆栈大小

5.2.6　下载验证

至此，无操作系统的 STemWin 移植完成，编译下载程序，程序运行结果如图 5.9 所示。

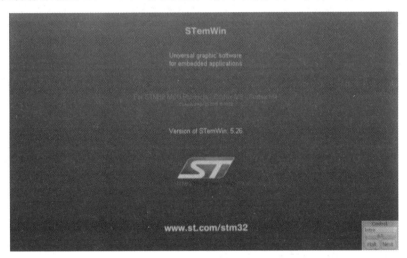

图 5.9　STemWin 测试

5.3　STemWin 与 μC/OS 结合的移植

在 5.2 节中介绍了不带操作系统的 STemWin 移植，本节介绍有操作系统的 STemWin 移植，系统使用的是 μC/OSIII，关于 μC/OSIII 的移植可参阅《ALIENTEK STM32F1 μC/OS 开发手册》的移植章节，本节的移植过程是在 5.2 节的基础上进行的。本节分为以下几个部分，即移植准备工作、向工程添加以及修改相应文件、综合测试程序编写。

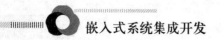

嵌入式系统集成开发

5.3.1 移植准备工作

本节是在第 4 章无操作系统实验移植基础上进行的，首先要先建一个带有 μC/OSⅢ 的基础工程，然后在这个基础工程上完成今天的移植工作。在第 4 章的工程中移植 μC/OSⅢ 操作系统，关于 μC/OS 操作系统的移植请参阅《ALIENTEK STM32F1 UCOS 开发手册》中的 μC/OSⅢ移植部分，这里需要将 μC/OSⅢ的系统节拍数 OS_CFG_TICK_RATE_HZ 改为 000，也就是 1 ms。在 μC/OSⅢ移植实验中定义的是 200，移植好 μC/OSⅢ后的工程如图 5.10 所示。至此，基础工程建立完成。

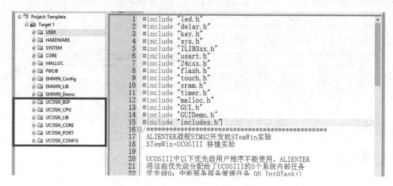

图 5.10 带 μC/OSⅢ 的基础工程

5.3.2 向工程添加以及修改相应文件

在无操作系统的工程中有一个 GUI_X.c 文件，这里用提供的 GUI_X_UCOSIII.c 文件替代 GUI_X.c 文件，并将 GUI_X_UCOSIII.c 文件添加到工程中，添加完以后的工程如图 5.11 所示。

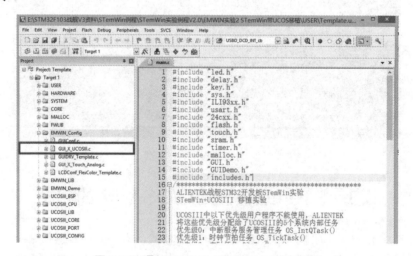

图 5.11 添加 GUI_X_UCOSIII.c 后的工程

在 GUI_X_UCOSIII.c 文件中主要包括以下一些内容。

1. 时间相关函数

```
int GUI_X_GetTime(void)
{
OS_ERR err;
return ((int)OSTimeGet(&err)); //获取系统时间，此处时间单元为 1 ms
}

//GUI 延时函数
void GUI_X_Delay(int period)
{
OS_ERR err;
CPU_INT32U ticks;
ticks = (period * 1000) / OSCfg_TickRate_Hz;
OSTimeDly(ticks,OS_OPT_TIME_PERIODIC,&err);//μC/OSⅢ延时采用周期模式
}
```

STemWin 获取系统时间和 STemWin 延时函数这两个函数比较好理解，它们都是通过调用 μC/OSⅢ 中与时间相关的函数来实现的。

2. 信号量相关函数

```
void GUI_X_InitOS(void)
{
OS_ERR err;
//创建初始值为 1 的信号量，用于共享资源
OSSemCreate ( (OS_SEM* )DispSem,(CPU_CHAR* )"Disp_SEM", (OS_SEM_CTR )1,
(OS_ERR*    )&err); \
//创建初始值为 1 的信号量，用于事件触发
OSSemCreate ( (OS_SEM* )EventSem,(CPU_CHAR*    )"Event_SEM",
(OS_SEM_CTR )0,
(OS_ERR*    )&err);
}
//等待信号量
void GUI_X_Lock(void)
{
OS_ERR err;
OSSemPend(DispSem,0,OS_OPT_PEND_BLOCKING,0,&err);
}
//发送信号量
void GUI_X_Unlock(void)
{
    OS_ERR err;
    OSSemPost(DispSem,OS_OPT_POST_1,&err);            //发送信号量
}
void GUI_X_WaitEvent(void)
{
OS_ERR err;
OSSemPend(EventSem,0,OS_OPT_PEND_BLOCKING,0,&err); //请求信号量
}
void GUI_X_SignalEvent(void)
{
OS_ERR err;
```

```
OSSemPost(EventSem,OS_OPT_POST_1,&err);      //发送信号量
}
```

上面共有 5 个函数：GUI_X_InitOS()、GUI_X_Lock()、GUI_X_Unlock()、GUI_X_WaitEvent()和 GUI_X_SignalEvent()。这 5 个函数分别为创建信号量、上锁与解锁、等待事件发生、发送信号量。其中，上锁和解锁是通过信号量来实现的。

3. 与键盘相关的函数

下面这几个很好理解的函数与键盘有关。

```
static void CheckInit(void)
{
if(KeyIsInited == DEF_FALSE){
KeyIsInited = DEF_TRUE;
GUI_X_Init();
}
}

void GUI_X_Init(void)
{
OS_ERR err;
//创建初始值为 1 的信号量
OSSemCreate ((OS_SEM*   )KeySem,(CPU_CHAR*  )"Key_SEM", (OS_SEM_CTR)0,
(OS_ERR* )&err);
}

int GUI_X_GetKey(void)
{
int r;
r = KeyPressed;
CheckInit();
KeyPressed = 0;
return (r);
}
int GUI_X_WaitKey(void)
{
int r;
OS_ERR err;
CheckInit();
if(KeyPressed == 0)
{
OSSemPend(KeySem,0,OS_OPT_PEND_BLOCKING,0,&err);   //请求信号量
}
r = KeyPressed;
KeyPressed = 0;
return (r);
}
void GUI_X_StoreKey(int k)
{
OS_ERR err;
KeyPressed = k;
OSSemPost(KeySem,OS_OPT_POST_1,&err);               //发送信号量
}
```

在第 4 章无操作系统的移植中使用的 STemWin 库文件是 TemWin526_CM3_Keil.lib，本章使用了操作系统，因此应该使用 STemWin526_CM3_OS_Keil.lib 库。添加完成后还要更改 GUIConf.h 中 GUI_OS 的定义，这里定义 GUI_OS 为 1，支持操作系统，还需要定义可以调用 STemWin 任务的最大数目，如图 5.12 所示。

```
6  #define GUI_OS            (1)    // 使用操作系统
7  #define GUI_MAXTASK       (5)    // 最大可调用EMWIN的任务数
8  #define GUI_SUPPORT_TOUCH (1)    // 支持触摸
9
```

图 5.12　GUIConf.h 配置文件

5.3.3　综合测试程序编写

测试程序同样采用官方 Demo，在 main.c 文件中建立了 4 个任务，如表 5.3 所示。

表 5.3　测试程序任务函数

任 务 名	任务说明
start_task	开始任务，初始化 STemWin 并且创建其他 3 个任务
emwindemo_task	官方 Demo 的演示任务，看到的实际效果就是由这个任务完成的
touch_task	通过调用 GUI_TOUCH_Exec()函数处理触摸屏事件
led0_task	LED 亮灭

以上 4 个任务都非常简单，大家可以看一下 main.c 文件。接下来就是主函数的编写，主函数的代码如下：

```
int main(void)
{
OS_ERR err;
CPU_SR_ALLOC();
delay_init();//延时函数初始化
NVIC_PriorityGroupConfig(NVIC_PriorityGroup 2);//设置 NVIC 中断分组 2:2 位
//抢占优先级，2 位响应优先级
uart_init(115200);                          //串口初始化为 115200
LED_Init();                                 //LED 端口初始化
TFTLCD_Init();                              //LCD 初始化
KEY_Init();                                 //按键初始化
TP_Init();                                  //触摸屏初始化
FSMC_SRAM_Init();                          //初始化 SRAM
my_mem_init(SRAMIN);                       //初始化内部内存池
my_mem_init(SRAMEX);                       //初始化外部内存池
OSInit(&err);                              //初始化µC/OS Ⅱ
OS_CRITICAL_ENTER();                       //进入临界区
                                           //创建开始任务
OSTaskCreate((OS_TCB *)&StartTaskTCB,      //任务控制块
(CPU_CHAR*)"start task",                    //任务名字
(OS_TASK_PTR )start task,                   //任务函数
(void*)0,                                  //传递给任务函数的参数
(OS_PRIO)START_TASK_PRIO,                   //任务优先级
```

```
    (CPU_ STK*)&START _TASK_ STK[0],              //任务堆栈基地址
    (CPU_ STK_ SIZE)START_ STK SI2E/10,           //任务堆栈深度限位
    (CPU_ _STK_ _SIZE )START_ STK _SIZE,          //任务堆栈大小
    (OS_ MSG_ QTY)0,          //任务内部消息队列能够接收的最大消息数目,为 0 时禁止
                              //接收消息
    (OS_ TICK)0,             //当使能时间片轮转时的时片长度,为 0 时为默认长度
    (void*)0,                //用户补充的存储区
    (OS_ OPT)OS OPT TASK STK_ CHK|OS_ OPT_ TASK_ STK CLR,  //任务选项
    (OS_ _ERR*)&err);        //存放该函数错误时的返回值
    OS_ CRITICAL EXIT();     //退出临界区
    OSStart(&err);           //开启µC/OSⅡ
}
```

在主函数中主要完成了外设的初始化和创建 start_task 任务,注意到这里并没有初始化定时器 3 和定时器 4。在 5.2 节中使用定时器 3 为 STemWin 提供系统时钟,使用定时器 6 定时处理触摸事件。在本节中移植有 µC/OSⅢ操作系统,使用 µC/OSⅢ系统为 STemWin 提供系统时钟,对于触摸事件的处理可以建立一个任务来完成,因此这里就不需要使用定时器了。

5.3.4 下载验证

代码编译成功之后,下载代码到开发板上,可以看到 LCD 上显示的界面如图 5.13 所示。此时,Demo 开始运行,LED0 开始闪烁。

图 5.13 程序运行效果

5.4 STemWin 的设计与应用

STemWin 的应用很广泛,包括文本显示、数值显示、位图显示、2D 绘图、存储管理和窗口管理等。本节将介绍 STem Win 的主要应用方法。

前文叙述的 STemWin 是一个包含各种控件的库,利用这些控件设计 UI 其实就是调用 STemWin 的 API 函数,具体函数及其用法可参阅《emWin 手册》。

STemWin 还有一个 GUI(图形用户界面)设计神器 GUIBuilder,可以通过可视化设计用户需要的 UI,并且直接生成代码供开发者使用,避免了烦琐的 API 函数调用。

5.4.1　STemWin 基础显示

STemWin 最常用的功能就是在 LCD 上显示各种字符、提示信息等，STemWin 提供了大量的文本显示 API 函数，也可以设置各种显示效果、字体、颜色等。本小节主要介绍 STemWin 的文本显示功能，主要包括以下几个部分：基本文本显示、文本显示 API 函数、重点 API 函数简介和演示实例。

1. 基本文本显示

要在 LCD 上显示文本，只需调用例程 GUI_DispString() 并以要显示的文本作为参数即可。例如：

```
GUI_DispString("Hello world!");
```

上面这行代码就是在 LCD 上显示 "Hello world!" 这行字符串，在 STemWin 的文本显示中可以使用表 5.4 所示的控制字符。

表 5.4　STemWin 中可使用的控制字符

字符代码	ASCII 代码	C	描　　述
10	LF	\n	换行。 当前文本位置改变至下一行的开始。默认为 $X=0$。 $Y+=$字体-距离(单位：像素)(如例程 GUI_GetFontDistY() 计算得出)
13	CR	\r	回车。 当前文本位置改变至当前行的开始。默认为 $X=0$

控制字符\n 和\r 非常实用，换行字符可以作为字符串的一部分，这样字符串就可以拆分为多行来显示。

2. 文本显示 API 函数

STemWin 针对文本显示提供了很多 API 函数，如表 5.5 所示。学习 STemWin 的文本显示主要就是学习这些 API 函数的使用。

表 5.5　文本显示 API 函数

函　　数	描　　述
显示文本的例程	
GUI_DispChar()	在当前位置显示单个字符
GUI_DispCharAt()	在指定位置显示单个字符
GUI_DispChars()	按指定次数显示字符
GUI_DispNextLine()	将光标移至下一行的开始
GUI_DispString()	在当前位置显示字符串
GUI_DispStringAt()	在指定位置显示字符串
GUI_DispStringAtCEOL()	在指定位置显示字符串，并清除至行末
GUI_DispStringHCenterAt()	在指定位置水平居中显示字符串
GUI_DispStringInRect()	在指定的矩形区域中显示字符串

函　数	描　述
GUI_DispStringInRectEx()	在指定的矩形区域中显示字符串，并可旋转
GUI_DispStringInRectWrap()	在指定的矩形区域中显示字符串，并可自动换行
GUI_DispStringLen()	在当前位置显示指定字符数的字符串
GUI_WrapGetNumLines()	为指定自动换行模式获取文本行数
选择文本绘制模式	
GUI_GetTextMode()	返回当前文本模式
GUI_SetTextMode()	设置文本绘制模式
GUI_SetTextStyle()	设置要使用的文本样式
选择文本对齐模式	
GUI_GetTextAlign()	返回当前文本对齐模式
GUI_SetLBorder()	设置换行后的左边界
GUI_SetTextAlign()	设置文本对齐模式
设置当前文本位置	
GUI_GotoX()	设置当前
GUI_GotoXY()	设置当前
GUI_GotoY()	设置当前
返回当前文本位置	
GUI_GetDispPosX()	返回当前
GUI_GetDispPosY()	返回当前
清除窗口或部分窗口的例程	
GUI_Clear()	清除活动窗口
GUI_DispCEOL()	清除从当前文本位置到行末的显示内容

3. 重点 API 函数简介

(1) GUI_SetTextMode()。

STemWin 有多种文本绘制模式，使用函数 GUI_SetTextMode()来设置文本的绘制模式，STemWin 提供了多种可以组合使用的标记，如图 5.14 所示。

GUI_SetTextMode()

描述

按照指定的参数设置文本模式。

原型

```
int GUI_SetTextMode(int TextMode);
```

参数	描述
TextMode	设置的文本模式，可以是 **TEXTMODE** 标记的任意组合。

参数 TextMode 的允许值 （可以通过 "OR" 操作进行组合）	
GUI_TEXTMODE_NORMAL	设置为显示正常文本。这是默认设置，该数值等同于 0。
GUI_TEXTMODE_REV	设置为显示反转文本。
GUI_TEXTMODE_TRANS	设置为显示透明文本。
GUI_TEXTMODE_XOR	设置为反相显示的文本。

返回值

之前选定的文本模式。

图 5.14　文本绘制模式(一)

① 正常文本。通过指定 GUI_TEXTMODE_NORMAL 或 0 可以正常显示文本。

② 反转文本。通过指定 GUI_TEXTMODE_REV 可以反转显示文本。通常的黑底白字显示方式将变为白底黑字显示。

③ 透明文本。通过指定 GUI_TEXTMODE_TRANS，可以显示为透明文本。透明文本表示文本写在屏幕上已经可见的内容之上。不同之处在于，屏幕上原有的内容仍然可见，而在正常文本中，背景会替换为当前选择的背景色。

④ 异或文本。通过指定 GUI_TEXTMODE_XOR，可以使用异或模式显示文本。通常情况下，用白色绘制的(实际字符)显示是反相的。如果背景色是黑色，效果与默认模式(正常文本)是一样的。如果背景色是白色，输出与反转文本一样。如果使用彩色，反相的像素由下式计算，即新像素颜色=颜色的值-实际像素颜色-1。

⑤ 透明反转文本。通过指定 GUI_TEXTMODE_TRANS | GUI_TEXTMODE_REV，可以显示为透明反转文本。与透明文本一样，它不会覆盖背景，而且和反转文本一样，该文本会反转显示。

(2) GUI_SetTextAlign()。

STemWin 中可以设置文本的对齐模式，使用函数 GUI_SetTextAlign()来设置文本的对齐模式，函数如图 5.15 所示。

GUI_SetTextAlign()

描述

为当前窗口的字符串输出设置文本对齐模式。

原型

```
int GUI_SetTextAlign(int TextAlign);
```

参数	描述
TextAlign	设置的文本对齐模式，可以是水平和垂直对齐标记的组合。

参数 TextAlign 的允许值 （水平和垂直标记可以通过“OR”操作进行组合）	
水平对齐	
GUI_TA_LEFT	X 轴方向左对齐（默认）。
GUI_TA_HCENTER	X 轴方向居中。
GUI_TA_RIGHT	X 轴方向右对齐。
垂直对齐	
GUI_TA_TOP	在字符 Y 轴方向顶部对齐（默认）。
GUI_TA_VCENTER	Y 轴方向居中。
GUI_TA_BOTTOM	在字体 Y 轴底部像素线对齐。

返回值

所选的文本对齐模式。

图 5.15 文本绘制模式(二)

(3) GUI_Clear()和 GUI_DispCEOL()。

使用 GUI_Clear()来清除当前窗口，GUI_DispCEOL()函数清除当前窗口(或显示)从当前文本位置到行末。

① GUI_Clear()。

描述：清除当前窗口。

原型：void GUI_Clear(void);

其他信息：如果没有定义窗口，则当前窗口为整个显示区。在这种情况下，整个显示区都会被清除。

② GUI_DispCEOL()。

描述：清除当前窗口 (或显示)从当前文本位置到行末的内容，高度为当前字体高度。

原型：void GUI_DispCEOL(void);

(4) GUI_DispStringInRectWrap()。

在 LCD 上指定的矩形区域内显示指定的字符串，emWin 提供了函数 GUI_DispStringInRectWrap()来实现这种功能，emWin 中对此函数描述如图 5.16 所示。

图 5.16　文本绘制模式(三)

一般在使用 GUI_DispStringInRectWrap()函数的时候，需要实现定义一个矩形区域，然后再调用函数在 LCD 上显示字符串，代码如下：

```
GUI_RECT Rect= {10,10,100,100};
//显示矩形的左上角坐标为(10,10)，右下角坐标为(100,100)
GUI_DispStringInRectWrap("Hello",&Rect,0,0);
```

4. 演示实例

关于文本显示提供了一个演示实例来展示如何使用这些 API 函数，本实验完整工程代码如下。

EMWIN 实验 3 文本显示，程序如下：

```
//WEWIN 文本显示例程
void emwin_texttest(void)
{
int i;
char acText[] = "This example demostrates text wrapping";
GUI_RECT Rect  ={200,240,259,299};      //定义矩形显示区域
    GUI_WRAPMODE aWm[] = {GUI_WRAPMODE_NONE,
    GUI_WRAPMODE_CHAR,
    GUI_WRAPMODE_WORD};
    GUI_SetBkColor(GUI_BLUE);            //设置背景颜色
    GUI_Clear();                         //清屏
    GUI_SetFont(&GUI_Font24_ASCII);      //设置字体
    GUI_SetColor(GUI_YELLOW);            //设置黄色字体
    GUI_DispString("HELLO WORD!");
```

```
GUI_SetFont(&GUI_Font8x16);                    //设置字体
GUI_SetPenSize(10);                            //设置笔大小
GUI_SetColor(GUI_RED);                         //红色字体
GUI_DrawLine(300,50,500,130);                  //绘线
GUI_DrawLine(300,130,500,50);                  //绘线
GUI_SetBkColor(GUI_BLACK);                     //设置黑色背景
GUI_SetColor(GUI_WHITE);                       //设置字体颜色为白色
GUI_SetTextMode(GUI_TM_NORMAL);                //正常模式
GUI_DispStringHCenterAt("GUI_TM_NORMAL",400,50);
GUI_SetTextMode(GUI_TM_REV);                   //反转文本
GUI_DispStringHCenterAt("GUI_TM_REV"     ,400,66);
GUI_SetTextMode(GUI_TM_TRANS);                 //透明文本
GUI_DispStringHCenterAt("GUI_TM_TRANS" ,400,82);
GUI_SetTextMode(GUI_TM_XOR);                   //异或文本
GUI_DispStringHCenterAt("GUI_TM_XOR"     ,400,98);
GUI_SetTextMode(GUI_TM_TRANS|GUI_TM_REV); //透明反转文本
GUI_DispStringHCenterAt("GUI_EM_TRANS|GUI_TM_REV",400,114);
GUI_SetTextMode(GUI_TM_TRANS);                 //透明文本
for(i=0;i<3;i++)
{
GUI_SetColor(GUI_WHITE);
GUI_FillRectEx(&Rect);
GUI_SetColor(GUI_BLACK);
//在当前窗口指定的矩形区域内显示字符串(并可自动换行)
GUI_DispStringInRectWrap(acText,&Rect,GUI_TA_LEFT,aWm[i]);
Rect.x0 += 70;
Rect.x1 += 70;
}
}
```

在上面这个演示实例中，需要重点掌握的函数有：GUI_SetBkColor()，设置背景颜色；GUI_SetFont()，设置字体；GUI_SetColor()，设置字体颜色；UI_SetTextMode()，设置文本显示模式；GUI_DispString()，在指定的位置显示字符串；GUI_DispStringHCenterAt()，在指定位置水平居中显示字符串；GUI_DispStringInRectWrap()，在指定的矩形区域中显示字符串，并可自动换行。前面提到的几个 API 函数很常用，大家必须掌握，有关文本显示的 API 函数还有很多，大家可自行尝试学习使用这些 API 函数。上面的演示函数 emwin_texttest()在开发板上的实际运行效果如图 5.17 所示。

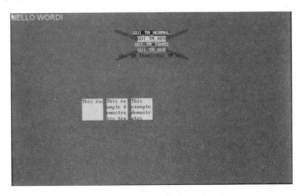

图 5.17　实例运行效果

注意：图 5.17 所示为 4.3 英寸(800×480)屏上的演示效果，2.8 英寸屏或者 3.5 英寸屏会显示其中一部分。本节内容为最基础的知识，大家务必掌握常用 API 函数的使用，本节只列举了几个函数做简单介绍，其他没有列举出的 API 函数大家可以参考 emWin 的中文手册来学习使用。

除了文本显示外，emWin 还有各种数值显示的 API 函数供开发者使用，有关数值显示的 API 函数如表 5.6 所示，其用法不再叙述。

表 5.6　数值显示 API 函数

API 函数	描　述
显示十进制数值	
GUI_DispDec()	在当前位置显示指定字符数的十进制数值
GUI_DispDecAt()	在指定位置显示指定字符数的十进制数值
GUI_DispDecMin()	在当前位置显示最小字符数的十进制数值
GUI_DispDecShift()	在当前位置显示指定字符数、带小数点的十进制长数值
GUI_DispDecSpace()	在当前位置显示指定字符数的十进制数值，用空格代替首位的数值
GUI_DispSDec()	在当前位置显示指定字符数的十进制数值并显示符号
GUI_DispSDecShift()	在当前位置显示指定字符数、带小数点的十进制长数值并显示符号
显示浮点数值	
GUI_DispFloat()	显示指定字符数的浮点数值
GUI_DispFloatFix()	显示指定小数点右边位数的浮点数值
GUI_DispFloatMin()	显示最小字符数的浮点数值
GUI_DispSFloatFix()	显示指定小数点右边位数的浮点数值并显示符号
GUI_DispSFloatMin()	显示最小字符数的浮点数值并显示符号
显示二进制数值	
GUI_DispBin()	在当前位置显示二进制数值
GUI_DispBinAt()	在指定位置显示二进制数值
显示十六进制数值	
GUI_DispHex()	在当前位置显示十六进制数值
GUI_DispHexAt()	在指定位置显示十六进制数值
emWin 版本	
GUI_GetVersionString()	返回 emWin 的当前版本

5.4.2　STemWin 图片显示

很多情况下需要在 LCD 上显示图片，本小节介绍如何使用位图转换器将图片转换为 C 文件，然后调用 emWin 中的相应函数来显示这个 C 文件位图。本小节暂时不介绍如何在屏幕上直接显示 GIF、JPEG、BMP 和 PNG 等格式的图片，这些格式图片的直接显示会在以后的章节中介绍。本小节分为位图转换器、位图绘制 API 简介、综合演示例程几部分进行介绍。

1. 位图转换器

位图转换器的主要作用是将位图从 PC 格式转换为 C 文件。emWin 可使用的位图在 C 文件中通常定义为 GUI_BITMAP 结构。这些结构会非常大，手动生成这些位图很费时并且效率很低。因此，建议使用位图转换器，自动从位图生成 C 文件。位图转换器的另一个有用功能是将图像另存为 C 流文件。与常规 C 文件相比，其优势在于这些数据流可位于需要将 C 文件置于的可寻址 CPU 区域的任何媒体中的任何位置。位图转换器还具有色彩转换功能，因此可以减小所生成的 C 代码。通常可以减少每个像素的位数以减少内存消耗。位图转换器显示已转换的图像。位图转换器可执行很多简单的功能，包括缩放尺寸、水平或垂直裁剪位图、旋转以及转换位图索引或色彩。

从 ST 官网下载的 STemWin 源代码里面就有位图转换器软件，按照以下路径打开：STM32Cube_FW_F1_V1.0.0→Middlewares→ST→STemWin→Software。打开后如图 5.18 所示，其中，BmpCvrt.exe 软件就是位图转换器。

图 5.18　位图转换器

下面介绍位图转换器的使用步骤。

(1) 打开位图转换器，如图 5.19 所示。

图 5.19　打开位图转换器

(2) 向位图转换器中加载图片。选择位图转换器的菜单命令 File→Open，打开想要转换的图片，这里打开了 ALIENTEK 的 logo 图片，格式为 PNG(前文说过，位图转换器可以打开 bmp、gif 和 png 格式的图片)，打开后如图 5.20 所示。

(3) 色彩转换。选择所需的调色板，选择 Image→Convert to 菜单命令，如图 5.21 所示，可以看到有很多种格式可供选择，这里选择 Best palette 格式，也就是"最佳调色板"，大家也可以尝试选择其他的格式试一下。

图 5.20　向位图转换器中加载图片

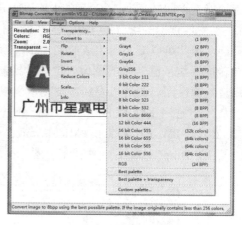

图 5.21　设置转换格式

转换位图颜色格式的主要目的是减少内存消耗。最常用的方法是使用图 5.21 所示的选项"最佳调色板"，它可定制特定位图的调色板，只包含图像中要用的颜色。对于为了使调色板尽可能小，同时还要完全支持图像的全彩位图，此选项尤其有用。在位图转换器中打开位图文件后，只需从菜单中选择 Image→Convert Into→Best palette 命令即可。如果需要保持透明性，可选择 Image→Convert Into/Best palette + transparency。对于某些应用，可能使用固定颜色调色板更高效，可在 Image→Convert Into 菜单命令下选择。例如，要在仅支持 4 种灰度的显示器上显示全彩模式的位图，此时使图像保持为原始格式会浪费内存，因为在显示器上只显示 4 种灰度，将全彩位图转换为四灰度、2BPP 位图可获得最高效率。

(4) 将位图保存为.c 文件，选择 File→Save As 菜单命令，注意，这里选择保存为.c 格式文件，如图 5.22 所示，还须设置好文件的保存路径。

(5) 选择为.c 格式文件以后，单击"保存"按钮，会弹出图 5.23 所示界面，可选择格式，这里选择 High color(565)。

图 5.22　保存为.c 格式文件

图 5.23　选择格式

选择完格式后单击 OK 按钮，这样就在之前设置好的文件夹下生成了一个.c 文件，将这个.c 文件复制到工程中，在接下来的实验中就要使用这个.c 文件。按照以下路径打开实验工程：EMWIN 实验 6 绘制位图\EMWIN_DEMO\BITMAP_DISPLAY，打开以后如图 5.24 所示。

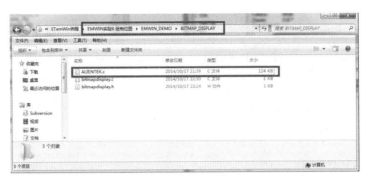

图 5.24　将位图 C 文件放入工程文件中

2. 位图绘制 API 简介

emWin 中提供了绘制位图的 API 函数，如表 5.7 所示，使用这些函数可以将上面生成的.c 文件位图绘制出来。

表 5.7　位图绘制 API 函数

函　数	描　述
GUI_DrawBitmap()	绘制位图
GUI_DrawBitmapEx()	绘制缩放的位图
GUI_DrawBitmapHWAlpha()	在具有硬件 Alpha 混合支持的系统上绘制带 Alpha 混合信息的位图
GUI_DrawBitmapMag()	绘制放大的位图

最常用的函数为 GUI_DrawBitmap()和 GUI_DrawBitmapEx()(见图 5.25、图 5.26)，在下文的演示实例中就主要介绍这两个函数的使用方法。

GUI_DrawBitmap()

描述

在当前窗口中的指定位置绘制位图图像。

原型

```
void GUI_DrawBitmap(const GUI_BITMAP * pBM, int x, int y);
```

参数	描述
pBM	指向要显示的位图。
x	显示器中位图左上角的 X 位置。
y	显示器中位图左上角的 Y 位置。

其他信息

图片数据的解释为从第一个字节的最高有效位 (msb) 开始的位流。

新行始终在偶数字节地址开始，就像位图的第 *n* 行从偏移 *n**BytesPerLine 开始。在客户区的任何位置都能看到位图。

图 5.25　GUI_DrawBitmap 函数的使用

GUI_DrawBitmapEx()

描述

此例程可以在显示器中缩放和 / 或镜像位图。

原型

```
void GUI_DrawBitmapEx(const GUI_BITMAP * pBitmap,
                      int x0,      int y0,
                      int xCenter, int yCenter,
                      int xMag,    int yMag);
```

参数	描述
pBM	指向要显示的位图。
x0	显示器中定位点的 X 位置。
y0	显示器中定位点的 Y 位置。
xCenter	位图中定位点的 X 位置。
yCenter	位图中定位点的 Y 位置。
xMag	X 方向的比例因子。
yMag	Y 方向的比例因子。

其他信息

xMag 参数为负值将在 X 轴镜像位图，yMag 参数为负值将在 Y 轴镜像位图。xMag 和 yMag 的单位为千分之一。xCenter 和 yCenter 给定的位置指定在显示器中 x0/y0 位置（不考虑比例或镜像）显示的位图的像素。
不能使用此函数绘制 RLE 压缩的位图。

图 5.26　GUI_DrawBitmapEx 函数的使用

在上面两个函数中，位图信息都是用结构体 GUI_BITMAP 来定义的，使用位图转换器生成的.c 文件最终就是将图片信息放到结构体里面，包括图片的数据、尺寸、调色板信息等。

3. 综合演示例程

这里编写了一个综合演示例程：在开发板上运行演示 emWin 的位图显示功能。实验完整工程为 EMWIN 实验 6 绘制位图，打开 bitmapdisplay.c，程序源代码如下：

```
extern GUI_BITMAP bmALIENTEK;   //ALIENTEK 图标
//显示 C 文件格式的位图
void draw_bitmap(void)
{
GUI_SetBkColor(GUI_BLUE);
GUI_SetColor(GUI_YELLOW);
GUI_Clear();
GUI_SetFont(&GUI_Font24_ASCII);
GUI_SetTextMode(GUI_TM_TRANS); //透明显示
GUI_DispStringHCenterAt("ALIENTEK BITMAP DISPLAY",400,0 );
GUI_DrawBitmap(&bmALIENTEK,295,194);    //绘制 ALIENTEK 图标
}
//在显示器中缩放位图
//Xmag:X 方向的比例因子，单位为千分之
//Ymag:Y 方向的比例因子，单位为千分之
void zoom_bitmap(int Xmag,int Ym-ag)
{
GUI_SetBkColor(GUI_BLUE);
GUI_Clear();
GUI_DrawBitmapEx(&bmALIENTEK,400,240,105,46,Xmag,Ymag); //按照比例绘制位图
}
```

在上面程序中有两个函数，即 draw_bitmap()和 zoom_bitmap()。draw_bitmap()函数主要展示了 GUI_DrawBitmap()函数的使用；zoom_bitmap()函数主要展示了 GUI_DrawBitmapEx()

的使用方法。程序非常简单，打开 main.c 文件，main.c 中的 emwindemo_task()函数为 emWin 的任务函数，emWin 的演示 Demo 都在这个任务中运行。

```
//EMWINDEMO 任务
void emwindemo_task(void *p_arg)
{
    OS_ERR err;
    int Xmag,Ymag;  //缩放因子，单位：千分之
    GUI_CURSOR_Show();
    draw_bitmap();
    OSTimeDlyHMSM(0,0,2,0,OS_OPT_TIME_PERIODIC,&err);//延时 2 s
    while(1)
    {
        Xmag += 100;
        Ymag += 100;
        if(Xmag>=2000)Xmag = 100;
        if(Ymag>=2000)Ymag = 100;
        zoom_bitmap(Xmag,Ymag); //绘制缩放的位图
        GUI_Delay(500);
    }
}
```

上面函数的功能：首先调用 draw_bitmap()函数显示 ALIENTEK 的 logo，延时 2 s 以后进入 while(1)循环中，循环调用 zoom_bitmap()函数显示由小到大的 ALIENTEK 的 logo，每次(X,Y)的比例因子增加 100‰，也就是 1/10。程序运行结果如图 5.27 所示。注意，此程序是基于分辨率 800×480 的 LCD 上的，如果是在 ALIENTEK 的 2.8 英寸或者 3.5 英寸屏幕上的显示会不完全，稍微改动一下程序就可以了。

图 5.27　位图显示

5.4.3　STemWin GUIBuilder 的使用

本小节介绍一个使用 emWin 做界面时常用的一款"神器"——GUIBuilder，使用这款软件就不需要自己用 C 语言编写界面了，可以在 GUIBuilder 中设计好界面，然后导出 C 程序，非常方便。GUIBuilder 是 emWin 官方出品的软件，每个版本的 emWin 都有其对应版本的 GUIBuilder 软件，控件非常齐全，熟练使用 GUIBuilder 在使用 emWin 设计 GUI 界面时会起到事半功倍的效果。本小节分为以下几个部分，即 GUIBuilder 简介、

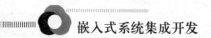

GUIBuilder 使用步骤、GUIBuilder 输出、修改 C 文件、LCD 显示结果。

1. GUIBuilder 简介

在 Segger 官网或者 ST 官网下载 emWin 或 STemWin 时就已经包含了 GUIBuilder 软件。本书以 STemWin 为例，按照以下路径打开 GUIBuilder：STM32Cube_FW_F1_V1.0.0→Middlewares→ST→STemWin→Software→GUIBuilder.exe，位置如图 5.28 所示(注意路径)。打开以后如图 5.29 所示。

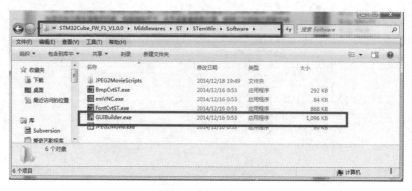

图 5.28　GUIBuilder 路径

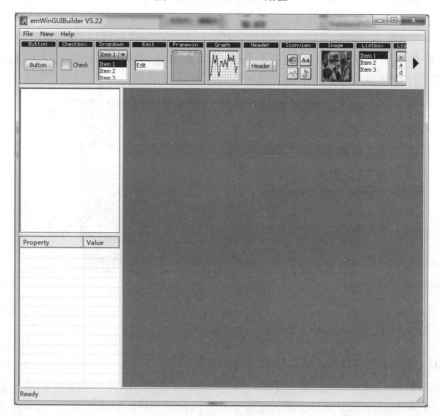

图 5.29　GUIBuilder 界面

GUIBuilder 中各个要素如图 5.30 所示。

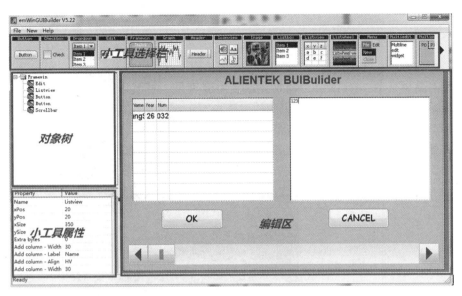

图 5.30　GUIBuilder 用于界面各要素

(1) 小工具选择栏。

小工具选择栏包含 GUIBuilder 所有可用的小工具，只要单击所需小工具上的选择栏或将其拖入编辑器区域，即可进行添加。

(2) 对象树。

对象树区域显示所有当前加载的对话框及其子小工具，只要单击相应条目，即可选择小工具。

(3) 小工具属性。

它显示每个小工具的属性，并可以用于编辑属性。

(4) 编辑区。

编辑区显示当前所选的对话框，它可用于放置对话框及其小工具，并调整它们的大小。

2. GUIBuilder 使用步骤

(1) 创建对话框。每个对话框都需要一个有效的父小工具，目前能够做父小工具的有两个，即 FrameWin(框架窗口小工具)和 Window(窗口小工具)，更多情况下都是创建的 FrameWin 小工具，单击图 5.31 中的控件，创建一个 FrameWin。

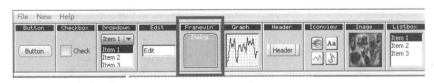

图 5.31　选择 FrameWin

添加完成 FrameWin 以后，GUIBuilder 如图 5.32 所示。

(2) 设置 FrameWin 参数，具体如下。

① FrameWin 控件坐标为(0,0)，即空间左上角在 LCD 上的坐标为(0,0)。

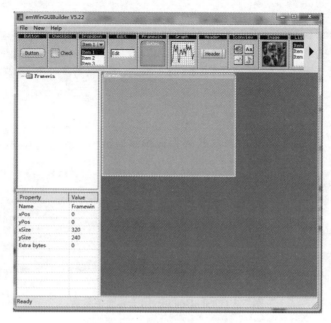

图 5.32　添加完成 FrameWin

② 控件 X 轴大小为 800，Y 轴大小为 480(注意，此处是按照 800×480 的分辨率来设置的，如果使用其他分辨率的屏可按照自己的屏幕尺寸设置控件大小，不要超过屏幕尺寸即可。这里设置为 800×480，在显示控件时就会全屏显示)。

③ 设置标题栏高度为 40，标题栏名字设置为 ALIENTEK GUIBuilder，字体设置为 GUI_FONT_32B_ASCII，名字的对齐方式为水平居中和垂直居中，颜色为红色。

现在就按照上面的参数要求设置 FrameWin 控件，首先设置控件在 LCD 中的位置，如图 5.33 所示，也可以用鼠标单击控件，通过移动鼠标来改变控件的位置。

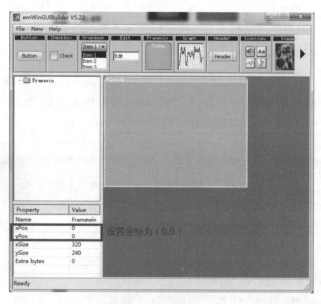

图 5.33　设置控件坐标

改变控件大小，按照图 5.34 所示修改。

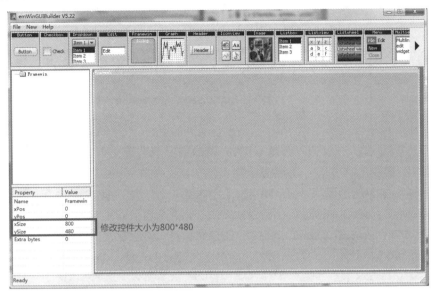

图 5.34　修改控件大小

设置标题栏的高度。在控件上单击鼠标右键，弹出右键菜单，如图 5.35 所示，这里选择 Set title height 命令。

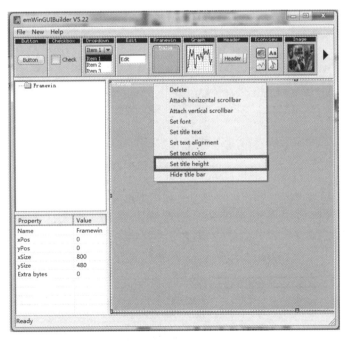

图 5.35　设置标题栏高度

当选择完成后会在 GUIBuilder 左下方的小工具属性栏出现 Title height 设置选项，默认标题栏高度为 14，这里修改为 40，修改完成后如图 5.36 所示。

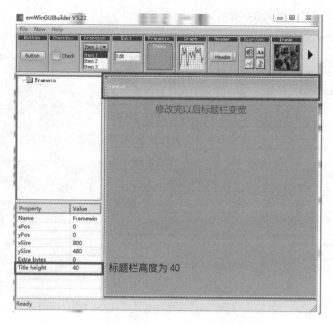

图 5.36　修改标题栏高度

设置标题栏名字，在控件上单击右键并选择快捷菜单中的 Set title text 命令，设置标题栏名字为 ALIENTEK GUIBuilder，如图 5.37 所示。

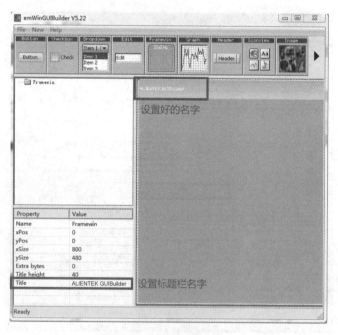

图 5.37　设置标题栏名字

设置标题栏名字的字体为 GUI_FONT_32B_ASCII，在控件上单击鼠标右键，选择快捷菜单中的 Set font 命令，弹出如图 5.38 所示的对话框，这里选择 GUI_FONT_32B_ASCII。

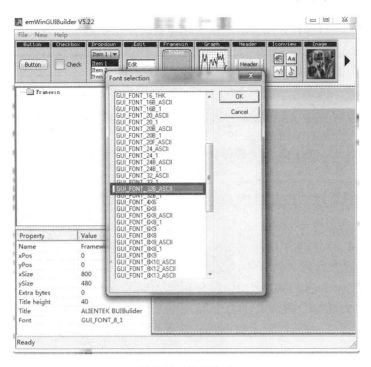

图 5.38　设置字体

设置标题栏名字的颜色为红色，在控件上单击鼠标右键，选择快捷菜单中的 Set text color 命令，设置完成后如图 5.39 所示。

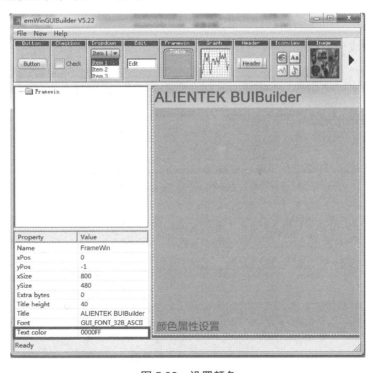

图 5.39　设置颜色

嵌入式系统集成开发

设置标题栏名字的对齐方式为水平居中和垂直居中。在名字上单击鼠标右键，选择快捷菜单中的 Set text aligment 命令，在出现的对话框中选择自己想要的对齐方式，这里选择水平和居中对齐，如图 5.40 所示。

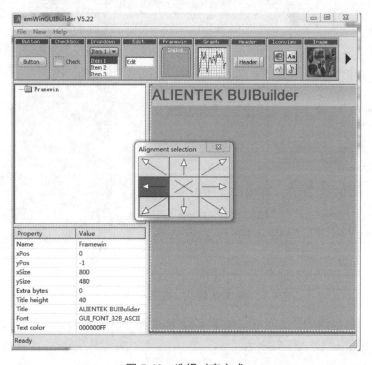

图 5.40　选择对齐方式

全部设置完成后，FrameWin 控件如图 5.41 所示。

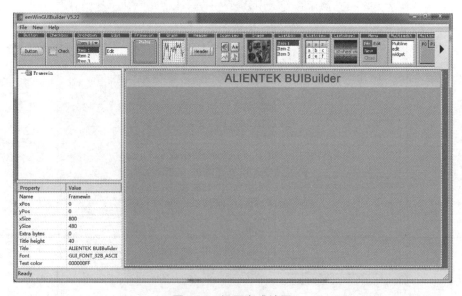

图 5.41　设置完成结果

(3)　再在 FrameWin 中添加一个 Listview 控件、一个 Edit 控件、两个 Button 控件和一

112

个 Scrollbar 控件，添加完成后如图 5.42 所示。

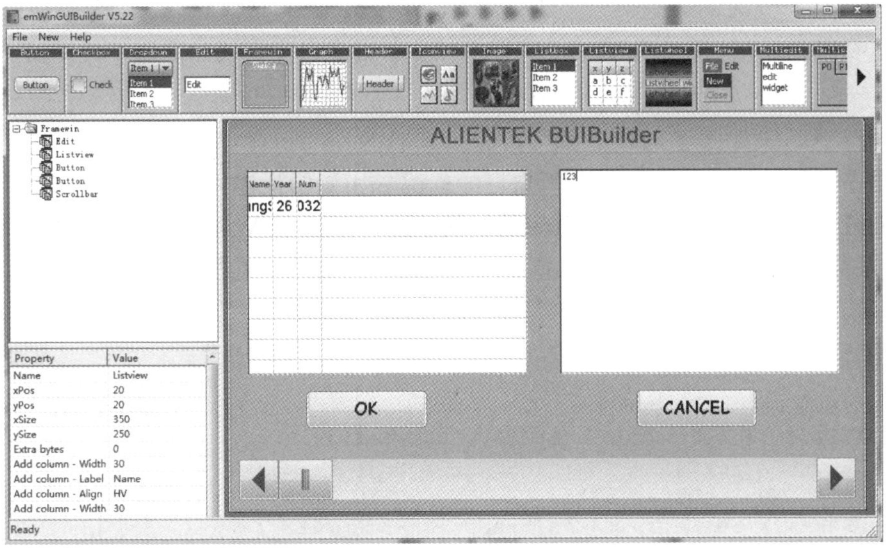

图 5.42　设计完成结果

（4）保存设计，生成.c 文件。选择 File→Save 菜单命令，弹出提示对话框，单击"确定"按钮，这样在 GUIBuilder 所在的文件夹下就会有一个.c 文件生成，如图 5.43 所示，FramewinDLG.c 就是通过 GUIBuilder 设计并生成的界面。

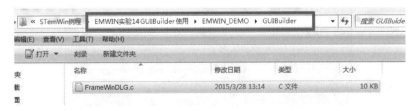

图 5.43　生成.c 文件

3. GUIBuilder 输出

GUIBuilder 最终输出的就是 C 语言，一旦关闭 GUIBuilder 软件，就再也不能打开以前的设计了，只能通过修改.c 文件修改以前的设计，这也是 GUIBuilder 的一大缺点。将 FrameWinDLG.c 文件复制到工程文件中，对应的工程路径为 EMWIN_DEMO-> GUIBuilder，如图 5.44 所示，实验完整工程文件为 EMWIN 实验 14 GUIBuilder 使用。

图 5.44　将 GUIBuilder 生成的.c 文件复制到工程文件中

生成的 FrameWinDLG.c 文件，限于篇幅，此处略去，如需要可查看工程文件。

GUIBuilder 生成的只是一个初始化代码，仅仅只是一个程序框架，至于这些控件的具体功能需要自己编写程序。生成的.c 文件中包含了很多自定义代码区域，具体如下：

```
//USER START  (选择性插入自己的代码)
//USER END
```

可以在这些自定义代码区域加上自己的代码，如初始化控件、换肤、定义控件的功能等。下面给大家提前展示 emWin 强大的换肤功能，开启 emWin 的换肤功能很简单，只要在 main.c 中的 emWin 任务函数 emwindemo_task()中加入以下程序就可以了：

```
//EMWINDEMO 任务
void emwindemo_task(void *p_arg)
{
    //更换皮肤
    BUTTON_SetDefaultSkin(BUTTON_SKIN_FLEX);
    CHECKBOX_SetDefaultSkin(CHECKBOX_SKIN_FLEX);
    DROPDOWN_SetDefaultSkin(DROPDOWN_SKIN_FLEX);
    FRAMEWIN_SetDefaultSkin(FRAMEWIN_SKIN_FLEX);
    HEADER_SetDefaultSkin(HEADER_SKIN_FLEX);
    MENU_SetDefaultSkin(MENU_SKIN_FLEX);
    MULTIPAGE_SetDefaultSkin(MULTIPAGE_SKIN_FLEX);
    PROGBAR_SetDefaultSkin(PROGBAR_SKIN_FLEX);
    RADIO_SetDefaultSkin(RADIO_SKIN_FLEX);
    SCROLLBAR_SetDefaultSkin(SCROLLBAR_SKIN_FLEX);
    SLIDER_SetDefaultSkin(SLIDER_SKIN_FLEX);
    SPINBOX_SetDefaultSkin(SPINBOX_SKIN_FLEX);
    CreateFramewin();
    while(1)
    {
        GUI_Delay(100);
    }
}
```

新建 FrameWinDLG.h 文件，在这个.h 格式文件里声明一下函数 CreateFramewin()，就可以在其他地方调用了。

修改 main.c 中 emWin 的任务函数 emwindemo_task()，编译完成下载到开发板中，显示结果如图 5.45 所示。

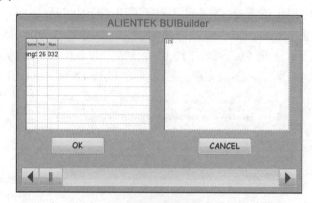

图 5.45　换肤后的显示效果

图 5.45 是使用换肤以后的效果，注意这是在 800×480 分辨率下显示的，如果在分辨率为 320×240 的 LCD 上则显示不完全。实验完整工程文件为 EMWIN 实验 14 GUIBuilder 使用。

可注释掉换肤部分的程序，看一下如果不换肤会显示什么。关闭换肤功能后的显示效果如图 5.46 所示。

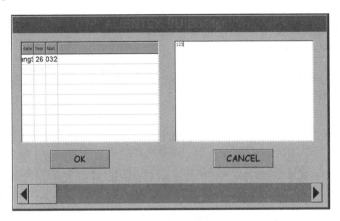

图 5.46　未换肤的显示效果

第 6 章　LwIP 网络开发

本章学习目标

1. 掌握 LwIP 概念及应用方法，能够熟练地将 LwIP 移植到嵌入式平台并实现嵌入式平台的网络连接与通信功能。

2. 掌握 LwIP 内存管理概念及应用方法，合理分配内存，实现网络流畅传输等功能。

3. 能够将以上知识点综合应用到实际项目中去。

6.1　LwIP 简介

LwIP 是瑞典计算机科学院(SICS)的 Adam Dunkels 等开发的一个小型开源的 TCP/IP 协议栈。LwIP 是轻量级 IP 协议，有无操作系统的支持都可以运行。LwIP 实现的重点是在保持 TCP 协议主要功能的基础上减少对 RAM 的占用，它只需十几 KB 的 RAM 和 40 KB 左右的 ROM 就可以运行，这使 LwIP 协议栈适合在低端的嵌入式系统中使用。目前，LwIP 的最新版本是 2.1.3。本书采用的是 1.4.1 版本的 LwIP。关于 LwIP 的详细信息大家可以在 http://savannah.nongnu.org/projects/lwip/网站查阅，LwIP 的主要特性如下。

ARP 协议，以太网地址解析协议。

IP 协议，包括 IPv4 和 IPv6，支持 IP 分片与重装，支持多网络接口下数据转发。

ICMP 协议，用于网络调试与维护。

IGMP 协议，用于网络组管理，可以实现多播数据的接收。

UDP 协议，用户数据报协议。

TCP 协议，支持 TCP 拥塞控制，RTT 估计，快速恢复与重传等。提供 3 种用户编程接口方式，即 raw/callback API、sequential API、BSD-style socket API。

DNS，域名解析。

SNMP，简单网络管理协议。

DHCP，动态主机配置协议。

AUTOIP，IP 地址自动配置。

PPP，点对点协议，支持 PPPoE。

从 LwIP 官网上下载 LwIP 1.4.1 版本，打开后如图 6.1 所示。

打开从官网上下载的 LwIP 1.4.1，其中包括 doc、src 和 test 这 3 个文件夹和 5 个其他文件。doc 文件夹下包含了几个与协议栈使用相关的文本文档，doc 文件夹里面有两个比较重要的文档，即 rawapi.txt 和 sys_arch.txt，rawapi.txt 告诉读者怎么使用 raw/callback API 进行编程，sys_arch.txt 包含了移植说明，在移植时会用到。src 文件夹的重点是，包含了 LwIP 的源代码。test 是 LwIP 提供的一些测试程序，这里用不到。打开 src 源代码文件夹，如图 6.2 所示。

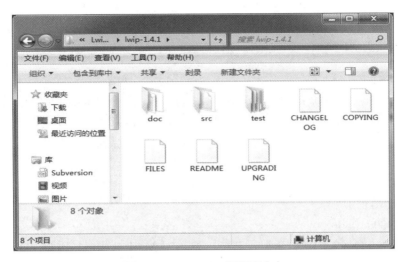

图 6.1　LwIP 1.4.1 源代码内容

图 6.2　源代码 src 文件夹

　　src 文件夹由 4 个文件夹组成：api、core、include、netif。api 文件夹里面是 LwIP 的 sequential API(Netconn) 和 socket API 两种接口函数的源代码，要使用这两种 API 需要操作系统支持。core 文件夹是 LwIP 内核源代码，include 文件夹里面是 LwIP 用到的头文件，netif 文件夹里是与网络底层接口有关的文件。

　　本章将介绍 ALIENTEK 的 STM32F103 战舰 V3 开发板以太网接口及其使用，以及 LwIP 在 STM32F103 战舰 V3 开发板上的移植及网络通信的实现。

6.2　LwIP 在 STM32 系列微控制器上的移植

6.2.1　LwIP 无操作系统移植

　　由于 STM32F103 没有网络模块，如果要想在 F103 上实现网络功能，就需要使用外置的网络芯片，并且需要 TCP/IP 协议栈的支持。战舰 V3 板载一颗网络芯片 DM9000。

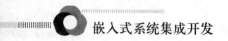

有关 DM9000 的资料可查阅其数据手册。本节主要介绍以下几个方面的内容,包括硬件设计、无操作系统 LwIP 移植、软件设计、下载验证。

1. 硬件设计

硬件设计实验功能简介:编写 DM9000 驱动程序,移植 LwIP。移植成功后开机初始化 DM9000,DM9000 通过自协商确定自身的工作速度及双工模式,通过串口打印 MAC 地址、IP 地址、子网掩码和默认网关等信息。同时,DS0 提示程序正在运行,所要用到的资源如下。

(1) 指示灯 DS0。

(2) TFTLCD 模块。

(3) DM9000 模块。

通过查阅 DM9000 的数据手册,其接口和 SRAM 十分相似,因此,DM9000 与开发板之间可以通过 FSMC 连接在一起。DM9000 以太网模块原理如图 6.3 所示,其中,上半部分为 DM9000 原理图,下半部分为 RJ45(内置网络变压器)原理图。

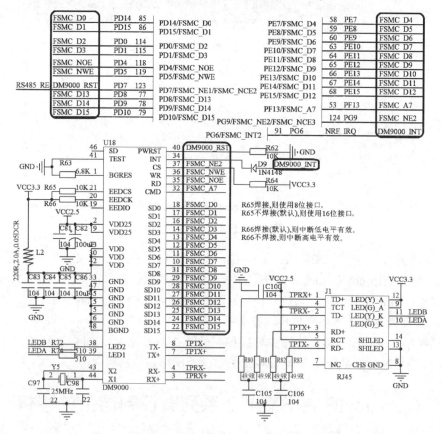

图 6.3 DM9000 网络部分与 STM32 连接原理图

前文已经讨论过 DM9000 使用并行 16 位数据线与开发板连接在一起,各信号线描述如下。

PWRST:DM9000 复位信号。

CS：DM9000 的片选信号。

WR(IOW)：处理器写命令。

RD(IOR)：处理器读命令。

CMD：命令/数据标志，0，读写命令；1，读写数据。

SD0～SD15：16 位双向数据线。

2. 无操作系统 LwIP 移植

在本节和后续所有有关 LwIP 的内容中需要用到动态内存管理实验知识，因此请大家务必了解动态内存管理实验，本节只针对 LwIP，不对其他知识进行介绍。

(1)　移植准备工作。

①　基础工程。在移植之前需要一个基础工程，因为要用到内存管理，所以这里使用实验 37 内存管理实验作为基础工程文件，在这个工程文件的基础上完成移植过程。

本节要用到 USMART 组件，因此要在内存管理实验的工程文件上添加 USMART 组件，如果已经添加就不用再添加了。

②　LwIP 文件下载。在移植过程中需要两个文件，即 LwIP 源代码和 LwIP 官方例程，可以在 LwIP 官网 http://download.savannah.gnu.org/releases/lwip/下载这两个文件，图 6.4 所示为需要下载的两个文件。其中，lwip-1.4.1.zip 为 LwIP 的官方源代码，contrib-1.4.1.zip 包含官方的一些例程和移植时所需要的一些头文件。

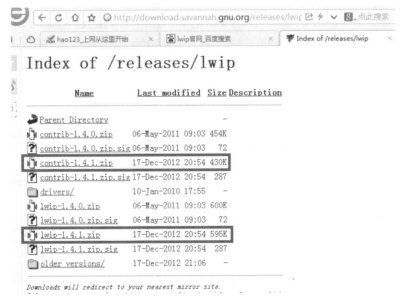

图 6.4　LwIP 源文件

已经下载好这两个文件放在光盘中，路径为："6，软件资料\4，LwIP 学习资料"。目前最新的版本是 1.4.1，本书所有的实验均使用 1.4.1 版本的 LwIP。

③　添加网卡驱动程序。打开网络实验 1 LwIP 无操作系统移植的 HARDWARE 文件夹，在里面有一个 DM9000 文件，在这个文件中有 dm9000.c 和 dm9000.h 两个文件，这两个文件包含 DM9000 驱动程序，大家在移植时将 DM9000 文件复制到 HARDWARE 文件

中，并且将 dm9000.c 文件添加到工程文件中，添加完成以后如图 6.5 所示。

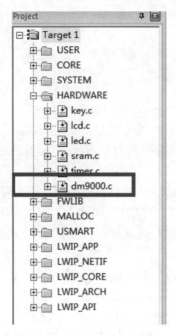

图 6.5　添加 dm9000.c 文件后的工程文件

使用 FSMC 驱动的 DM9000，DM9000 的 CS 连接在 FSMC_NE2 上，CMD 连接在 FSMC 的地址线 A7 上，在 dm9000.h 中定义了 DM9000 操作结构体 DM9000_TypeDef，代码如下：

```
//DM9000 地址结构体
typedef struct
{
vu16 REG;
vu16 DATA;
} DM9000 TypeDef;
//使用 NOR/SRAM 的 Bank1.sector2，地址位 HADDR[27,26]=01 A7 作为数据命令区分线
//注意，设置时 STM32 内部会右移一位对齐
#define DM9000 BASE
((u32 )(0x64000000|0x000000FE))
#define DM9000
((DM9000 TypeDef *) DM9000 BASE)
```

前文定义了一个宏 DM9000，宏 DM9000 的地址为 DM9000_BASE，而这个地址是指向结构体 DM9000_TypeDef 的。从上面的代码可以看出，DM9000_BASE 也是一个宏，为 (0X64000000|0X000000FE)，即 DM9000_BASE 为 0X640000FE。那么，DM9000->REG 的地址为 0X640000FE，对应的 A7 为 0(即 CMD=0)，DM9000->DATA 的地址为 0X640000100，对应的 A7 为 1(即 CMD=1)。

有了上面的定义，在向 DM9000 写命令/数据时，可以这样写：

```
DM9000->REG=CMD;    //写命令
DM9000->DATA=DATA;  //写数据
```

当读取时就可以反过来，代码如下：

```
CMD=DM9000->REG;    //读 LCD 寄存器
DATA=DM9000->DATA;  //读 LCD 数据
```

DM9000 其他信号线均由 FSMC 控制，只需要完成初始化就可以了，在 dm9000.h 中还有另一个结构体 dm9000_config，结构体定义如下：

```
struct dm9000_config.
{
enum DM9000_PHY_mode mode;   //工作模式
u8 imr_all;                  //中断类型
u16 queue_packet_len;        //每个数据包大小
u8 mac_addr[6];              //MAC 地址
u8 multicase_addr[8];        //组播地址
};
```

结构体 dm9000_config 用于保存 DM9000 的一些参数信息，如工作模式、中断类型、包大小、MAC 地址和组播地址。下面介绍 dm9000.c 文件，它有 15 个函数，如表 6.1 所示。

表 6.1　dm9000.c 文件函数

函　　数	说　　明
DM9000_Init ()	DM9000 初始化函数
DM9000_ReadReg ()	读取 DM9000 指定寄存器值
DM9000_WriteReg ()	向 DM9000 指定寄存器中写入指定值
DM9000_PHY_ReadReg ()	读取 DM9000 的 PHY 的指定寄存器
DM9000_PHY_WriteReg ()	向 DM9000 的 PHY 寄存器写入指定值
DM9000_Get_DeiviceID ()	获取 DM9000 的芯片 ID
DM9000_Get_SpeedAndDuplex ()	获取 DM9000 的连接速度和双工模式
DM9000_Set_PHYMode ()	设置 DM900 的 PHY 工作模式
DM9000_Set_MACAddress ()	设置 DM9000 的 MAC 地址
DM9000_Set_Multicast ()	设置 DM9000 的组播地址
DM9000_Reset()	复位 DM9000
DM9000_SendPacket()	通过 DM9000 发送数据包
DM9000_Receive_Packet()	DM9000 接收数据包
DMA9000_ISRHandler()	中断处理函数
EXTI9_5_IRQHandler()	外部中断线 6 的中断服务函数

由于以上函数代码较多，此处就不一一列出，可参考具体的工程文件。

函数 DM9000_Init()为 DM9000 的初始化函数，该函数首先完成 FSMC 与 DM9000 连接的 IO 口，并且配置 FSMC，最后就是配置 DM9000 了。

DM9000_ReadReg()和 DM9000_WriteReg 函数为读写 DM9000 内部寄存器的函数，DM9000_PHY_ReadReg()和 DM9000_PHY_WriteReg()为读写 DM9000 内部 PHY 寄存器的

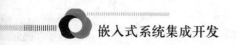
函数。函数 DM9000_Get_DeiviceID()用来获取 DM9000 的芯片 ID，DM9000 的芯片 ID 为 0X9000A46，函数 DM9000_Set_MACAddress()和 DM9000_Set_Multicast()分别用来设置 DM9000 的 MAC 地址和广播地址，函数比较简单。

接下来介绍 DM9000_Get_SpeedAndDuplex()函数，此函数用来获取 DM9000 的连接速度和双工方式。在 DM9000_Get_SpeedAndDuplex()函数首先判断 PHY 的工作模式，如果开启了自协商模式，要先等待协商完成；否则等待连接成功。最后通过读取寄存器 NSR 和 NCR 的相应位来判断 DM9000 的双工方式和连接速度。

DM9000_Set_PHYMode()函数用来设置 DM9000 的 PHY 工作模式，PHY 的工作模式有 5 种，即 10M 全双工、10M 半双工、100M 全双工、100M 半双工和自协商模式。一般都选择自协商模式，让 DM9000 与远端主机自行协商双工模式和连接速度。

函数 DM9000_Reset()函数为软件复位 DM9000。

DM9000_SendPacket ()函数为数据发送函数，将指定的 pbuf 结构数据通过 DM9000 发送到网络中，LwIP 中用 pbuf 结构体来表示数据包。在发送数据包之前一定要关闭 DM9000 的中断，等到发送完成后再打开中断。发送数据时可按照以下步骤进行。

① 向 TX SRAM 中写入要发送的数据。
② 向寄存器 TXPLL 和 TXPLH 写入要发送的数据长度。
③ 将 TCR 寄存器的 bit0 设置为 1，启动发送。

DM9000_Receive_Packet ()函数接收以太网数据，并将接收到的数据打包成 pbuf 结构返回。

函数 DMA9000_ISRHandler()为 DM9000 的中断处理函数。注意：不是中断服务函数，函数 DMA9000_ISRHandler()会在 STM32 的中断服务函数中调用，这里只是给出了函数的大体框架，函数里面具体做哪些处理可根据自己的需要自行设计。

最后就是中断线 6 的中断服务函数，函数很简单。

(2) 添加 LwIP 源文件。

本节中将 LwIP 源代码添加到工程文件中，在工程文件目录中新建一个 LwIP 文件夹，在这个文件夹中放置所有关于 LwIP 的文件，新建完成后将 LwIP 的源代码 lwip-1.4.1 复制到 LwIP 文件夹下，如图 6.6 所示。

```
    }
DM9000_PHY_WriteReg(DM9000_PHY_BMCR,BMCR_Value);
DM9000_PHY_WriteReg(DM9000_PHY_ANAR,ANAR_Value);
DM9000_WriteReg(DM9000_GPR,0X00); //使能 PHY
```

图 6.6　复制 LwIP 源代码到工程文件中

将 LwIP 源文件复制到工程文件夹中后，将里面的文件添加到工程文件中，按照图 6.7 所示添加到工程文件中。

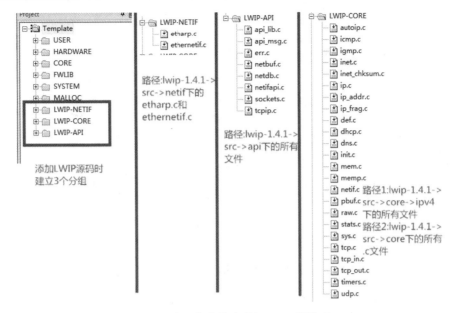

图 6.7　在工程文件中添加 LwIP 源代码

将.c 文件添加到工程文件中后，还需要添加 LwIP 源代码中的头文件路径，头文件路径添加如图 6.8 所示，此时如果编译就会有很多错误提示，无须理会。

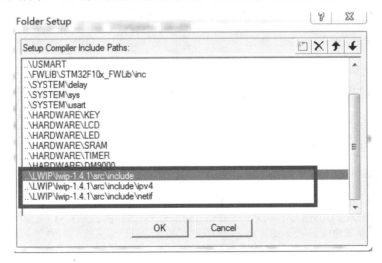

图 6.8　添加 LwIP 源代码头文件

(3)　添加中间文件。

前文只是将 LwIP 源文件和以太网的驱动都添加到工程文件中，要将以太网驱动和 LwIP 连接起来还需要一些其他文件，而这些文件非常重要。下面介绍如何添加重要文件。

添加 arch 文件。打开实验 1 LwIP 无操作系统移植实验的 LwIP 文件夹可以发现有一个 arch 文件夹，将这个文件夹复制到自己的工程文件中，在 arch 中有 5 个文件，即

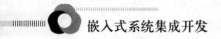

cc.h、cpu.h、perf.h、sys_arch.h 和 sys_arch.c。根据 sys_arch.txt 中的描述，cc.h 主要完成协议栈内部使用的数据类型的定义，如果使用操作系统，还有临界代码区保护等。cc.h 文件内容如下。

```
#ifndef CC_H #define CC_H
#include "cpu.h" #include "stdio.h"
//定义与平台无关的数据类型
typedef unsigned    char    u8_t;          //无符号 8 位整数
typedef signed      char    s8_t;          //有符号 8 位整数
typedef unsigned    short   u16_t;         //无符号 16 位整数
typedef signed      short   s16_t;         //有符号 16 位整数
typedef unsigned    long    u32_t;         //无符号 32 位整数
typedef signed      long    s32_t;         //有符号 32 位整数
typedef u32_t mem_ptr_t;                   //内存地址型数据
typedef int sys_prot_t;                    //临界保护型数据

//使用操作系统时的临界区保护，这里以μC/OS Ⅱ为例
#if OS_CRITICAL_METHOD == 1

//当定义了 OS_CRITICAL_METHOD 时就说明使用了μC/OS Ⅱ
#define SYS_ARCH_DECL_PROTECT(lev)
#define SYS_ARCH_PROTECT(lev)CPU_INT_DIS() #define
SYS_ARCH_UNPROTECT(lev)      CPU_INT_EN() #endif

#if OS_CRITICAL_METHOD == 3
#define SYS_ARCH_DECL_PROTECT(lev) u32_t lev
//μC/OSⅡ中进入临界区，关中断
#define SYS_ARCH_PROTECT(lev)lev = OS_CPU_SR_Save()
//μC/OSⅡ中退出 A 临界区，开中断
#define SYS_ARCH_UNPROTECT(lev)OS_CPU_SR_Restore(lev) #endif

//根据不同的编译器定义一些符号#if defined ( ICCARM )
#define PACK_STRUCT_BEGIN #define PACK_STRUCT_STRUCT #define
PACK_STRUCT_END #define PACK_STRUCT_FIELD(x) x
#define PACK_STRUCT_USE_INCLUDES

#elif defined ( CC_ARM)
#define PACK_STRUCT_BEGIN packed #define PACK_STRUCT_STRUCT
#define PACK_STRUCT_END #define PACK_STRUCT_FIELD(x) x

#elif defined (   GNUC   ) #define PACK_STRUCT_BEGIN
#define PACK_STRUCT_STRUCT    attribute    (( packed )) #define
PACK_STRUCT_END
#define PACK_STRUCT_FIELD(x) x

#elif defined (    TASKING   ) #define PACK_STRUCT_BEGIN #define
PACK_STRUCT_STRUCT #define PACK_STRUCT_END #define PACK_STRUCT_FIELD(x)
x

#endif

//LwIP 用 printf 调试时用到的一些类型
```

```
#define U16_F "4d" #define S16_F "4d" #define X16_F "4x" #define U32_F
"8ld" #define S32_F "8ld" #define X32_F "8lx"
```

```
//宏定义
#ifndef LWIP_PLATFORM_ASSERT
#define LWIP_PLATFORM_ASSERT(x) \ do \
{   printf("Assertion \"%s\" failed at line %d in %s\r\n", x, LINE,
FILE ); \
} while(0) #endif

#ifndef LWIP_PLATFORM_DIAG
#define LWIP_PLATFORM_DIAG(x) do {printf x;} while(0) #endif
#endif
```

cpu.h 用来定义 CPU 的大小端模式，STM32 是小端模式，因此这里定义 BYTE_ORDER 为小端模式，cpu.h 文件代码如下：

```
#ifndef   _CPU_H
#define   _CPU_H
#define  BYTE_ORDER  LITTLE_ENDIAN
#endif
```

perf.h 是和系统测量与统计相关的文件，此处不使用任何测量和统计，因此这个文件中的两个宏定义为空。

sys_arch.h 和 sys_arch.c 是在使用操作系统时才用到的文件，在这里只是在 sys_arch.h 文件中简单地实现了获取时间的函数 sys_now()，代码如下。lwip_localtime 为一个全局变量，用来为 LwIP 提供时钟，这个变量会在下面的移植中进行介绍。

```
u32_t sys_now(void)
    {
    return lwip_localtime;
    }
```

在工程文件中新建 LWIP-ARCH 分组，将 sys_arch.c 文件添加到这个分组中，并且添加相应的头文件路径，如图 6.9 所示。

图 6.9　添加 LWIP-ARCH 分组并添加头文件路径

(4) 添加 LwIP 通用文件。

打开实验 1 LwIP 无操作系统移植实验的 LwIP 文件夹，可以发现有一个 lwip_app 文件夹，将这个文件夹复制到自己的工程文件中，lwip_app 文件夹用来保存以后所有实验的代码。在 lwip_app 下有一个 lwip_comm 文件夹，这个文件中有 lwip_comm.c、lwip_comm.h 和 lwipopts.h 这 3 个文件。lwip_comm.c 和 lwip_comm.h 是将 LwIP 源代码和前面的以太网驱动库结合起来的桥梁，这两个文件非常重要，由 ALIENTEK 提供。lwipopts.h 是用来裁剪和配置 LwIP 的文件，以后想要使用 LwIP 的任何功能，就在这个文件中配置。

同样，在工程文件中新建 LWIP-APP 分组，将 lwip_comm.c 文件添加到这个分组中，并且添加相应的头文件路径，如图 6.10 所示。

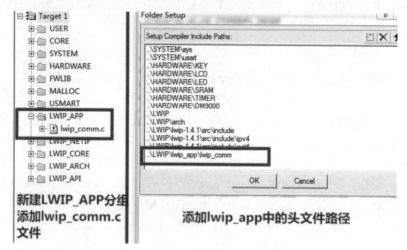

图 6.10　新建 LWIP-APP 分组并添加相应的头文件

在 lwip_comm.h 中由 ALIENTEK 定义了一个重要的结构体 lwip_dev，这个结构体如下：

```
typedef struct
{
u8 mac[6];          //MAC 地址
u8 remoteip[4];     //远端主机 IP 地址
u8 ip[4];           //本机 IP 地址
u8 netmask[4];      //子网掩码
u8 gateway[4];      //默认网关的 IP 地址
vu8 dhcpstatus;     //DHCP 状态
//0, 未获取 DHCP 地址
//1, 进入 DHCP 获取状态
//2, 成功获取 DHCP 地址
//0XFF, 获取失败
} lwip_dev;
```

这个结构体包括本机 MAC 地址、远端主机 IP 地址、本机 IP 地址、子网掩码、默认网关和 DHCP 状态。在 lwip_comm.c 中定义了一个 lwip_dev 结构体类型变量 lwipdev，这是一个全局变量。

在 lwip_comm.c 中有以下 7 个函数：

```
u8 lwip_comm_mem_malloc(void)
void lwip_comm_mem_free(void)
void lwip_comm_default_ip_set( lwip_dev *lwipx)
u8 lwip_comm_init(void)
void lwip_pkt_handle(void)
void lwip_periodic_handle()
void lwip_dhcp_process_handle(void)
```

首先是 lwip_comm_mem_malloc()函数，lwip_comm_mem_malloc()函数完成了对 mem.c 和 memp.c 中内存堆 ram_heap 和内存池 memp_memory 的内存分配，函数代码如下：

```
//lwip 中 mem 和 memp 的内存申请
//返回值:0，成功
//其他，失败
u8 lwip_comm_mem_malloc(void)
{
u32 mempsize;
u32 ramheapsize;
mempsize=memp_get_memorysize();
memp_memory=mymalloc(SRAMIN,mempsize); //得到 memp_memory 数组大小
ramheapsize=LWIP_MEM_ALIGN_SIZE(MEM_SIZE)+2*\
LWIP_MEM_ALIGN_SIZE(4*3)+MEM_ALIGNMENT;//得到 ram heap 大小
ram_heap=mymalloc(SRAMIN,ramheapsize); //为 ram_heap 申请内存
if(!memp_memory||!ram_heap)//有申请失败的
{
lwip_comm_mem_free();
return 1;
}
return 0;
}
```

lwip_comm_mem_free()函数用来释放内存堆 ram_heap 和内存池 memp_memory 的内存，函数比较简单。

lwip_comm_default_ip_set()函数用来设置默认地址，前文提过 lwip_dev 结构体变量 lwipdev，lwip_comm_default_ip_set()函数就是用来设置 lwipdev 的各个成员变量的。因为 MAC 地址全球唯一，因此这里 MAC 地址的前 3 字节设置为 2、0、0。后 3 字节取 STM32 的全球唯一 ID 的高 3 字节。当然，在实际使用过程中也可以自行设置，只要保证在同一局域网中 MAC 地址不会重复即可。IP 地址、子网掩码、默认网关地址可以自行设置，这里设置 IP 地址为 192.168.1.30，子网掩码为 255.255.255.0，默认网关为 192.168.1.1，函数 lwip_comm_default_ip_set()代码如下：

```
//lwip 默认 IP 设置
//lwipx:lwip 控制结构体指针
void lwip_comm_default_ip_set( lwip_dev *lwipx)
{
//默认远端 IP 为:192.168.1.100
lwipx->remoteip[0]=192;
lwipx->remoteip[1]=168;
```

```
lwipx->remoteip[2]=1;
lwipx->remoteip[3]=100;
//MAC 地址设置(高 3 字节固定为:2.0.0, 低 3 字节用 STM32 唯一 ID) lwipx-
>mac[0]=dm9000cfg.mac_addr[0];
lwipx->mac[1]=dm9000cfg.mac_addr[1];
lwipx->mac[2]=dm9000cfg.mac_addr[2];
lwipx->mac[3]=dm9000cfg.mac_addr[3];
lwipx->mac[4]=dm9000cfg.mac_addr[4];
lwipx->mac[5]=dm9000cfg.mac_addr[5];
//默认本地 IP 为 192.168.1.30
lwipx->ip[0]=192;
lwipx->ip[1]=168;
 lwipx->ip[2]=1;
lwipx->ip[3]=30;
//默认子网掩码为 255.255.255.0
 lwipx->netmask[0]=255;
lwipx->netmask[1]=255;
lwipx->netmask[2]=255;
 lwipx->netmask[3]=0;
//默认网关为 192.168.1.1
lwipx->gateway[0]=192;
 lwipx->gateway[1]=168;
 lwipx->gateway[2]=1;
lwipx->gateway[3]=1;
lwipx->dhcpstatus=0;//没有 DHCP
}
```

接下来我们要介绍的 lwip_comm_init 函数是非常重要的一个函数，这个函数主要完成 LwIP 内核初始化、设置默认网卡并且打开指定的网卡，函数代码如下：

```
//LwIP 初始化(LwIP 启动时使用)
//返回值:0, 成功
//   1，内存错误
//   2，DM9000 初始化失败
//   3，网卡添加失败. u8 lwip_comm_init(void)
{
struct netif *Netif_Init_Flag; //调用 netif_add()函数时的返回值，用于判断网络
                               //初始化是否成功
struct ip_addr ipaddr;         //IP 地址
struct ip_addr netmask;        //子网掩码
struct ip_addr gw; //默认网关 if(lwip_comm_mem_malloc())return 1，内存申请
                   //失败 if(DM9000_Init())return2，初始化 DM9000
lwip_init();                           //初始化 LwIP 内核
lwip_comm_default_ip_set(&lwipdev);    //设置默认 IP 等信息
#if LWIP_DHCP                          //使用动态 IP
ipaddr.addr = 0;
netmask.addr = 0;
gw.addr = 0;
 #else //使用静态 IP

IP4_ADDR(&ipaddr,lwipdev.ip[0],lwipdev.ip[1],lwipdev.ip[2],lwipdev.ip[3]
);
```

```
IP4_ADDR(&netmask,lwipdev.netmask[0],lwipdev.netmask[1],lwipdev.netmask[
2],\ lwipdev.netmask[3]);
IP4_ADDR(&gw,lwipdev.gateway[0],lwipdev.gateway[1],lwipdev.gateway[2],\
lwipdev.gateway[3]);
printf("网卡 en 的 MAC 地址为 %d.%d.%d.%d.%d.%d\r\n",lwipdev.mac[0],\
lwipdev.mac[1],lwipdev.mac[2],lwipdev.mac[3],lwipdev.mac[4],lwipdev.mac[
5]);
printf("静态 IP 地址 %d.%d.%d.%d\r\n",lwipdev.ip[0],\
lwipdev.ip[1],lwipdev.ip[2],lwipdev.ip[3]);
printf("子网掩码 %d.%d.%d.%d\r\n",lwipdev.netmask[0],\
lwipdev.netmask[1],lwipdev.netmask[2],lwipdev.netmask[3]);
 printf("默认网关%d.%d.%d.%d\r\n",lwipdev.gateway[0],\
lwipdev.gateway[1],lwipdev.gateway[2],lwipdev.gateway[3]);
#endif
//向网卡列表中添加一个网口
Netif_Init_Flag=netif_add(&lwip_netif,&ipaddr,&netmask,&gw,NULL,&etherne
tif_init,\
&ethernet_input);
#if LWIP_DHCP   //如果使用 DHCP 的话
lwipdev.dhcpstatus=0;   //DHCP 标记为 0
dhcp_start(&lwip_netif);//开启 DHCP 服务
#endif
if(Netif_Init_Flag==NULL)return 3;//网卡添加失败
else//网口添加成功后，设置 netif 为默认值，并且打开 netif 网口
{
netif_set_default(&lwip_netif); //设置 netif 为默认网口
netif_set_up(&lwip_netif); //打开 netif 网口
}
return 0;//操作 OK
}
```

上面这个函数主要完成以下功能。

① 调用 lwip_comm_mem_malloc() 函数完成前文提到的内存堆 ram_heap 和内存池 memp_memory 的内存分配。

② 调用 DM9000_Init()函数完成对 DM9000 的初始化，DM9000_Init()函数在 dm9000.c 文件中，由 ALIENTEK 提供，前文已经介绍过了。

③ 调用 lwip_init 函数完成 LwIP 的内核初始化，lwip_init()通过调用各个模块的初始化函数来完成各个模块的初始化，比如 LwIP 的内存初始化函数、数据包结构初始化函数、网络接口初始化函数、IP 和 TCP 等的初始化函数，lwip_init()在 init.c 文件中，属于 LwIP 源代码。

④ 调用 ip_comm_default_ip_set()函数设置静态地址等信息，此函数由 ALIENTEK 提供。

⑤ 判断是否使用 DHCP，如果使用 DHCP 可以通过 DHCP 服务来获取 IP 地址、子网掩码和默认网关等信息，如果使用静态 IP 地址就用 ip_comm_default_ip_se()函数设置的地址信息。

⑥ 通过 netif_add()函数来完成网卡的注册，netif_add()在 netif.c 文件中，此函数属于 LwIP 源代码。netif_add()函数中的参数 lwip_netif 是定义的一个网络接口，这个函数除

了使用前文所说的 IP 地址、子网掩码和默认网关作为参数外，还使用了两个函数地址作为参数，即 ethernetif_init 和 ethernet_input，这两个函数地址会被赋值给 netif 结构体的相关字段，ethernetif_init()在下文中会介绍，这个函数由 ALIENTEK 提供，ethernet_input()函数在 etharp.c 文件中，属于 LwIP 源代码，是 ARP 层数据包输入函数。

⑦ 如果使用 DHCP 就开启 DHCP 服务，通过调用 dhcp_start()函数开启 DHCP 服务。

⑧ 当网卡注册成功后使用 netif_set_default()设置此网卡为默认网卡，并且使用 netif_set_up()函数打开此网卡。

使用 lwip_pkt_handle()函数来接收数据，lwip_pkt_handle()函数代码如下：

```
//当接收到数据后调用 void lwip_pkt_handle(void)
{
//从网络缓冲区中读取接收到的数据包并将其发送给 LwIP 处理
ethernetif_input(&lwip_netif);
}
```

可以看出，lwip_pkt_handle()函数其实只是对 ethernetif_input()函数的简单封装，通过调用 ethernetif_input()函数从指定的网络接口中接收数据，ethernetif_input()函数是在 ethernetif.c 文件中定义的。在下面将会讲到 ethernetif_input()函数。

LwIP 内核中有许多周期性定时器，相对应的定时处理函数也需要被周期性调用，因为没有使用操作系统，所以需要自己使用定时器来实现。这里使用 STM32F103 定时器 3 提供系统时钟，定时器 3 定时周期为 10 ms，定时器 3 的中断服务函数如下。lwip_localtime 是一个全局变量，在 lwip_comm.c 文件中有定义。新建的 timer.c 文件存放关于定时器 3 的程序，然后将 timer.c 添加到 HARDWARE 组下面，并且添加相应的头文件路径。

```
//定时器 3 中断服务函数
void TIM3_IRQHandler(void)
{
if(TIM_GetITStatus(TIM3,TIM_IT_Update)==SET)  //溢出中断
{
lwip_localtime +=10;  //加 10
}
TIM_ClearITPendingBit(TIM3,TIM_IT_Update);  //清除中断标志位
}
```

前文叙述了 LwIP 内核中有许多周期性定时器，如 TCP 定时器、ARP 定时器，IP 如果使用 DHCP 和 DHCP 定时器等，可以将这些定时器封装在一个函数里面，然后周期性处理这个函数即可。LwIP 协议栈要求的是每 250 ms 处理一次 TCP 定时器，每 5 s 处理一次 ARP 定时器，每 500 ms 处理一次 DHCP 精细处理定时器，每 60 s 执行一次 DHCP 的粗糙处理。根据这个要求来编写 lwip_periodic_handle()函数，函数代码如下。最后只要周期性地调用 lwip_periodic_handle()函数即可完成对 LwIP 内核的定时处理函数的周期性调用。

```
//LwIP 轮询任务
void lwip_periodic_handle()
{

#if LwIP_TCP
```

```
//每 250 ms 调用一次 tcp_tmr()函数
if (lwip_localtime - TCPTimer >= TCP_TMR_INTERVAL)
{
TCPTimer = lwip_localtime; tcp_tmr();
}
#endif
//ARP 每 5 s 周期性调用一次
if ((lwip_localtime - ARPTimer) >= ARP_TMR_INTERVAL)
{
ARPTimer = lwip_localtime; etharp_tmr();
}

#if LWIP_DHCP //如果使用 DHCP
//每 500 ms 调用一次 dhcp_fine_tmr()
if (lwip_localtime - DHCPfineTimer >= DHCP_FINE_TIMER_MSECS)
{
DHCPfineTimer = lwip_localtime;
dhcp_fine_tmr();
if ((lwipdev.dhcpstatus != 2)&&(lwipdev.dhcpstatus != 0XFF))
{
lwip_dhcp_process_handle();//DHCP 处理
}
}
//每 60 s 执行一次 DHCP 粗糙处理
if (lwip_localtime - DHCPcoarseTimer >= DHCP_COARSE_TIMER_MSECS)
{
DHCPcoarseTimer = lwip_localtime;
dhcp_coarse_tmr();
}
#endif
```

lwip_dhcp_process_handle()函数为 DHCP 处理函数，函数代码如下：

```
//DHCP 处理任务
void Iwip_ dhcp_ process_ handle(void)
{
u32 ip=0,netmask=0,gw=0;
switch(lwipdev.dhcpstatus)
{
case 0://开启 DHCP
dhcp_ start(&Iwip_ netif);
lwipdev.dhcpstatus= 1;
//等待通过 DHCP 获取到的地址
printf("正在查找 DHCP 服务器，请稍等……\r\n");
break;
case 1://等待获取 IP 地址
{
ip=lwip_netif.ip_addr.addr;//读取新 IP 地址
netmask=lwip_netif.netmask.addr;//读取子网掩码
gw=lwip_netif.gw.addr; //读取默认网关

if(ip!=0)//正确获取 IP 地址时
{
lwipdev.dhcpstatus=2;  //DHCP 成功
```

```
printf("网卡 en 的 MAC 地址为为%d.%d.%d.%d.%d.%d\r\n",\
lwipdev.mac[0],lwipdev.mac[1],\lwipdev.mac[2],lwipdev.mac[3],\
lwipdev.mac[4],lwipdev.mac[5]);
//解析出通过 DHCP 获取的 IP 地址
lwipdev.ip[3]=(uint8_t)(ip>>24);
lwipdev.ip[2]=(uint8_t)(ip>>16);
lwipdev.ip[1]=(uint8_t)(ip>>8);
lwipdev.ip[0]=(uint8_t)(ip);
printf("通过 DHCP 获取 IP 地址为%d.%d.%d.%d\r\n",\
lwipdev.ip[0],lwipdev.ip[1],lwipdev.ip[2],lwipdev.ip[3]);
//解析通过 DHCP 获取的子网掩码地址
lwipdev.netmask[3]=(uint8_t)(netmask>>24);
 lwipdev.netmask[2]=(uint8_t)(netmask>>16);
lwipdev.netmask[1]=(uint8_t)(netmask>>8);
lwipdev.netmask[0]=(uint8_t)(netmask);
printf("通过 DHCP 获取到子网掩码为%d.%d.%d.%d\r\n",\
lwipdev.netmask[0],lwipdev.netmask[1],lwipdev.netmask[2],lwipdev.netmask
[3]);
//解析出通过 DHCP 获取到的默认网关
lwipdev.gateway[3]=(uint8_t)(gw>>24);
lwipdev.gateway[2]=(uint8_t)(gw>>16);
 lwipdev.gateway[1]=(uint8_t)(gw>>8);
lwipdev.gateway[0]=(uint8_t)(gw);
printf("通过 DHCP 获取到的默认网关为%d.%d.%d.%d\r\n",\
lwipdev.gateway[0],lwipdev.gateway[1],lwipdev.gateway[2],\
lwipdev.gateway[3]);
}else if(lwip_netif.dhcp->tries>LWIP_MAX_DHCP_TRIES)
{
//通过 DHCP 服务获取 IP 地址失败，且超过最大尝试次数
lwipdev.dhcpstatus=0XFF;//DHCP 超时失败
//使用静态 IP 地址
IP4_ADDR(&(lwip_netif.ip_addr),lwipdev.ip[0],lwipdev.ip[1],\
lwipdev.ip[2],lwipdev.ip[3]);
IP4_ADDR(&(lwip_netif.netmask),lwipdev.netmask[0],\
lwipdev.netmask[1],lwipdev.netmask[2],lwipdev.netmask[3]);
IP4_ADDR(&(lwip_netif.gw),lwipdev.gateway[0],lwipdev.gateway[1],\
lwipdev.gateway[2],lwipdev.gateway[3]);
printf("DHCP 服务超时,使用静态 IP 地址!\r\n");
printf("网卡 en 的 MAC 地址为 %d.%d.%d.%d.%d.%d\r\n",\
lwipdev.mac[0],lwipdev.mac[1],lwipdev.mac[2],lwipdev.mac[3],\
lwipdev.mac[4],lwipdev.mac[5]);
printf("静态 IP 地址为%d.%d.%d.%d\r\n",\
lwipdev.ip[0],lwipdev.ip[1],lwipdev.ip[2],lwipdev.ip[3]);
printf("子网掩码为%d.%d.%d.%d\r\n",\
lwipdev.netmask[0],lwipdev.netmask[1],lwipdev.netmask[2],lwipdev.netmask
[3]);
printf("默认网关为%d.%d.%d.%d\r\n",\
lwipdev.gateway[0],lwipdev.gateway[1],lwipdev.gateway[2],\
lwipdev.gateway[3]);
}
}
break;
```

```
default : break;
}
}
```

通过 lwipdev 结构体的 dhcpstatus 字段判断是否使用 DHCP 服务，当 dhcpstatus=0 时表示开启 DHCP，调用 dhcp_start()函数开启相应网络接口的 DHCP 服务 dhcp_start()函数由 LwIP 源代码提供。开启 DHCP 后让 dhcpstatus=1，表示开始进行 DHCP，等待 DHCP 完成。当 DHCP 完成后让 dhcpstatus=2，表示 DHCP 成功。但是，当 DHCP 重试次数大于 LWIP_MAX_DHCP_TRIES 时，意味着 DHCP 失败，这时 dhcpstatus=0XFF，表示 DHCP 失败，并且使用静态 IP 地址。

(5)　添加 ethernetif.h 文件。

打开实验 1LwIP 无操作系统移植实验，在路径 LWIP→lwip1.4.1→src→include→netif 中会发现有一个 ethernetif.h 文件，这个文件在 LwIP 源代码中是不存在的，这个文件由 ALIENTEK 提供，将 ethernetif.h 文件复制到工程文件的相应位置，如图 6.11 所示。

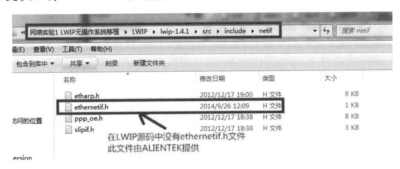

图 6.11　ethernetif.h 文件

(6)　LwIP 源代码修改。

在上面添加完中间文件后，还要修改一下 LwIP 的源代码，中间文件连接 LwIP 底层驱动和 LwIP，这样或多或少会对 LwIP 的源代码做出一些小的改动。下面介绍如何修改 LwIP 源代码。

①　修改 LwIP 源文件名字。按路径 lwip-1.4.1→src→core 可以发现在 core 文件下有一个 sys.c 文件，按路径 lwip-1.4.1→src→include→lwip 可以发现有一个 sys.h 文件。sys.c 和 sys.h 这两个文件和 SYSTEM 文件中的 sys.c 和 sys.h 重名，因此将 LwIP 中 sys.c 和 sys.h 改名为 lwip_sys.c 和 lwip_sys.h，然后在工程文件中将 LwIP 源代码里面的#include sys.h 代码也更改为#include lwip_sys.h。

②　修改 ethernetif.c 文件。ethernetif.c 的文件路径为 LWIP→lwip1.4.1→src→netif。用网络实验 1 LwIP 无操作系统移植实验中的 ethernetif.c 文件替代 LwIP 源代码中的这个文件，在这个文件中有以下 5 个函数。

```
static err_t low_level_init(struct netif *netif)
static err_t low_level_output(struct netif *netif, struct pbuf *p)
static struct pbuf * low_level_input(struct netif *netif)
err_t ethernetif_input(struct netif *netif)
err_t ethernetif_init(struct netif *netif)
```

这 5 个函数是移植 LwIP 的重点，其中前 3 个与网卡密切相关，low_level_init 函数主要完成网卡的复位、协议栈网络接口管理结构体 netif 中相关字段的初始化，low_level_init 函数如下：

```
//由 ethernetif_init()调用用于初始化硬件
//netif:网卡结构体指针
//返回值:ERR_OK, 正常
//其他，失败
static err_t low_level_init(struct netif *netif)
{
netif->hwaddr_len = ETHARP_HWADDR_LEN; //设置 MAC 地址长度为 6 字节
//初始化 MAC 地址，地址由用户自己设置，但是不能与网络中其他设备 MAC 地址重复
netif->hwaddr[0]=lwipdev.mac[0];
netif->hwaddr[1]=lwipdev.mac[1];
netif->hwaddr[2]=lwipdev.mac[2];
netif->hwaddr[3]=lwipdev.mac[3];
netif->hwaddr[4]=lwipdev.mac[4];
netif->hwaddr[5]=lwipdev.mac[5];
netif->mtu=1500; //最大允许传输单元，允许该网卡广播和 ARP 功能
netif->flags=NETIF_FLAG_BROADCAST|NETIF_FLAG_ETHARP|\  NETIF_FLAG_LINK_UP;
return ERR_OK;
}
```

low_level_output 函数用于发送数据，将 LwIP 协议栈准备好的数据通过网卡发送出去，low_level_output()函数里面只是简单调用了一下 DM9000_SendPacket()函数来发送数据，low_level_output 函数代码如下：

```
//用于发送数据包的最底层函数(LwIP 通过 netif→linkoutput 指向该函数)
//netif:网卡结构体指针
//p:pbuf 数据结构体指针
//返回值:ERR_OK, 发送正常
//ERR_MEM, 发送失败
static err_t low_level_output(struct netif *netif, struct pbuf *p)
{
DM9000_SendPacket(p);
return ERR_OK;
}
```

low_level_input 函数是从网卡中提取数据，并将数据封装在 pbuf 结构体中供 LwIP 使用，low_level_input()函数也是简单地调用了一下函数 DM9000_Receive_Packet()，DM9000_Receive_Packet()函数会将接收到的数据打包进 pbuf 结构体中，然后将 pbuf 返回，low_level_input 函数就是用来完成这个功能的，代码如下：

```
//用于接收数据包的最底层函数
//neitif:网卡结构体指针
//返回值:pbuf 数据结构体指针
static struct pbuf * low_level_input(struct netif *netif)
{
struct pbuf *p;
p=DM9000_Receive_Packet();
```

```
return p;
}
```

在 ethernetif.c 中还有两个函数，即 ethernetif_input()和 ethernetif_init()。ethernetif_input()
函数主要是对 low_level_input()函数做封装，然后将接收到的数据送入指定的网卡结构
中。ethernetif_input()函数代码如下：

```
//网卡接收数据(lwip 直接调用)
//netif:网卡结构体指针
//返回值:ERR_OK,发送正常
//  ERR_MEM,发送失败
err_t ethernetif_input(struct netif *netif)
{
err_t err; struct pbuf *p;
p=low_level_input(netif);  //调用 low_level_input 函数接收数据
if(p==NULL) return ERR_MEM;
err=netif->input(p, netif);//调用 netif 结构体中的 input 字段(一个函数)来处理
                           //数据包
if(err!=ERR_OK)
{
LWIP_DEBUGF(NETIF_DEBUG,("ethernetif_input: IP input error\n"));
pbuf_free(p);
p = NULL;
}
return err;
}
```

ethernetif_init()函数为 low_level_init()函数的简单封装，并且初始化了 netif 的相关字
段，ethernetif_init()函数代码如下：

```
//使用 low_level_init()函数来初始化网络
//netif:网卡结构体指针
//返回值:ERR_OK,正常
//其他,失败
err_t ethernetif_init(struct netif *netif)
{
LWIP_ASSERT("netif!=NULL",(netif!=NULL)); #if LWIP_NETIF_HOSTNAME
netif->hostname="lwip";//初始化名称#endif
netif->name[0]=IFNAME0; //初始化变量 netif 的 name 字段
netif->name[1]=IFNAME1; //在文件外定义,这里不用关心具体值
netif->output=etharp_output;//IP 层发送数据包函数
netif->linkoutput=low_level_output;//ARP 模块发送数据包函数
low_level_init(netif);  //底层硬件初始化函数
return ERR_OK;
}
```

③ 修改 mem.c 和 memp.c 文件。根据前文介绍的 LwIP 动态内存管理技术，知道
LwIP 有一个内存堆 ram_heap 和内存池 memp_memory，这两个是 LwIP 的内存来源。这
两个分别在 mem.c 和 memp.c 中，将这两个数组改用 ALIENTEK 的内存分配函数对其
进行内存分配。在 mem.c 文件中将 ram_heap 数组注销掉，定义为指向 u8_t 的指针，如
图 6.12 所示。

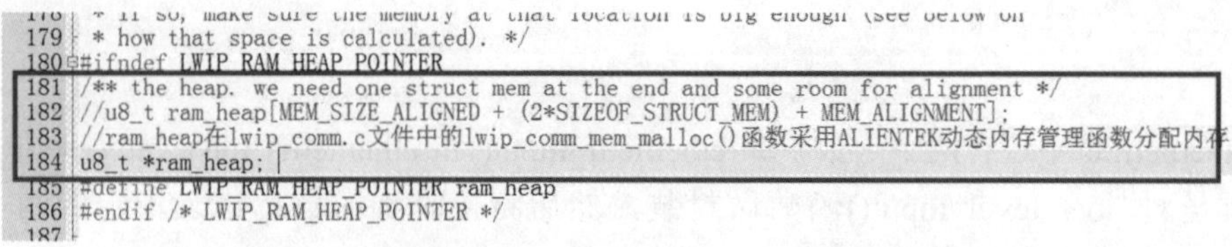

```
178    * If so, make sure the memory at that location is big enough (see below on
179    * how that space is calculated). */
180 #ifndef LWIP_RAM_HEAP_POINTER
181    /** the heap. we need one struct mem at the end and some room for alignment */
182    //u8_t ram_heap[MEM_SIZE_ALIGNED + (2*SIZEOF_STRUCT_MEM) + MEM_ALIGNMENT];
183    //ram_heap在lwip_comm.c文件中的lwip_comm_mem_malloc()函数采用ALIENTEK动态内存管理函数分配内存
184    u8_t *ram_heap;
185 #define LWIP_RAM_HEAP_POINTER ram_heap
186 #endif /* LWIP_RAM_HEAP_POINTER */
187
```

图 6.12　将 ram_heap 数组改为指针(mem.c 文件中)

同样，将 memp.c 文件中的 memp_memory 数组屏蔽掉改为指针，如图 6.13 所示。

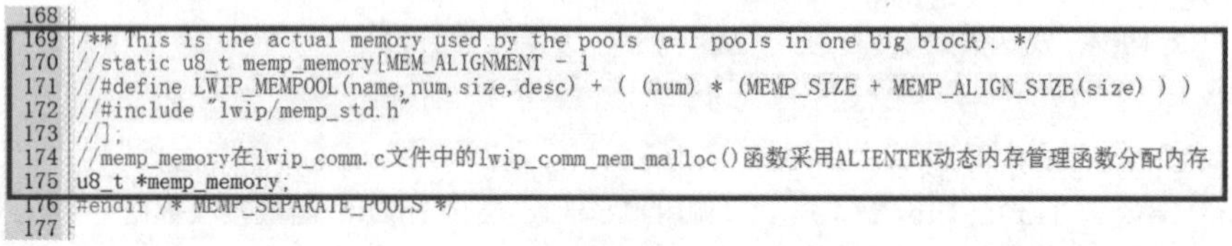

```
168
169 /** This is the actual memory used by the pools (all pools in one big block). */
170 //static u8_t memp_memory[MEM_ALIGNMENT - 1
171 //#define LWIP_MEMPOOL(name, num, size, desc) + ( (num) * (MEMP_SIZE + MEMP_ALIGN_SIZE(size) ) )
172 //#include "lwip/memp_std.h"
173 //];
174 //memp_memory在lwip_comm.c文件中的lwip_comm_mem_malloc()函数采用ALIENTEK动态内存管理函数分配内存
175 u8_t *memp_memory;
176 #endif /* MEMP_SEPARATE_POOLS */
177
```

图 6.13　memp_memory 数组改为指针(memp.c 文件中)

另外，还要在 memp.c 文件中添加 memp_get_memorysize()函数用来获取 memp_memory 数组的大小，memp_get_memorysize()函数代码如下。memp_memory 在 lwip_comm.c 文件中使用动态内存管理函数为其分配内存。

```
u32_t memp_get_memorysize(void)
{
u32_t length=0; length=(
MEM_ALIGNMENT-1
#define LWIP_MEMPOOL (name,num,size,desc) +((num)*\
(MEMP_SIZE+MEMP_ALIGN_SIZE(size)))
#include "lwip/memp_std.h"
);
return length;
}
```

在 memp.c 文件中添加 memp_get_memorysize()函数，如图 6.14 所示。

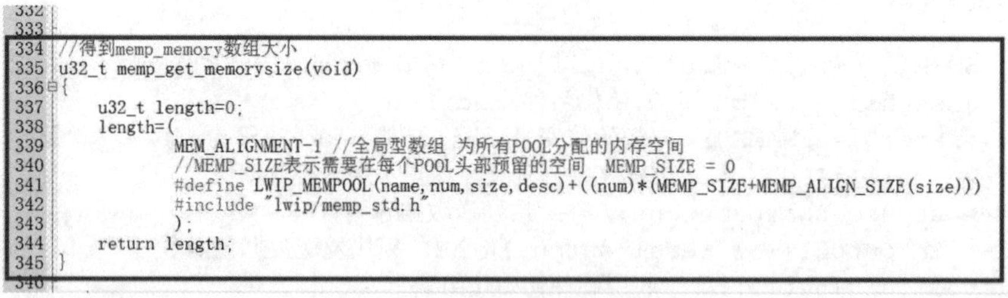

```
332
333
334    //得到memp_memory数组大小
335    u32_t memp_get_memorysize(void)
336 ⊟{
337        u32_t length=0;
338        length=(
339            MEM_ALIGNMENT-1  //全局型数组 为所有POOL分配的内存空间
340            //MEMP_SIZE表示需要在每个POOL头部预留的空间  MEMP_SIZE = 0
341            #define LWIP_MEMPOOL(name,num,size,desc) +((num)*(MEMP_SIZE+MEMP_ALIGN_SIZE(size)))
342            #include "lwip/memp_std.h"
343            );
344        return length;
345 }
346
```

图 6.14　memp_get_memorysize()函数(memp.c 文件中)

④　修改 icmp.c 文件。修改 icmp.c 文件使其支持硬件帧校验，修改部分如图 6.15 所示。图中加底纹部分为 icmp.c 的源代码，将其注销掉，矩形框部分是需要添加进去的代码，这部分代码是由 ST 公司提供的。

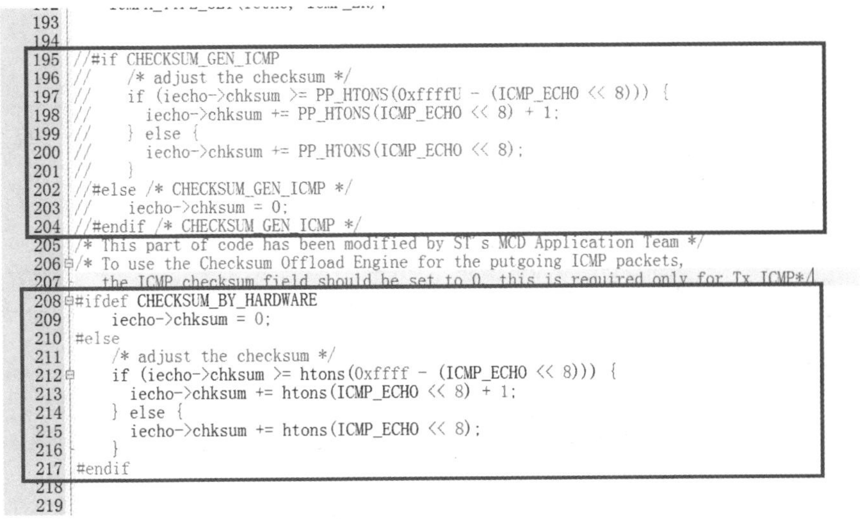

```
193
194
195  //#if CHECKSUM_GEN_ICMP
196  //    /* adjust the checksum */
197  //    if (iecho->chksum >= PP_HTONS(0xffffU - (ICMP_ECHO << 8))) {
198  //        iecho->chksum += PP_HTONS(ICMP_ECHO << 8) + 1;
199  //    } else {
200  //        iecho->chksum += PP_HTONS(ICMP_ECHO << 8);
201  //    }
202  //#else /* CHECKSUM_GEN_ICMP */
203  //    iecho->chksum = 0;
204  //#endif /* CHECKSUM_GEN_ICMP */
205  /* This part of code has been modified by ST's MCD Application Team */
206  /* To use the Checksum Offload Engine for the putgoing ICMP packets,
207     the ICMP checksum field should be set to 0, this is required only for Tx ICMP*/
208  #ifdef CHECKSUM_BY_HARDWARE
209      iecho->chksum = 0;
210  #else
211      /* adjust the checksum */
212      if (iecho->chksum >= htons(0xffff - (ICMP_ECHO << 8))) {
213          iecho->chksum += htons(ICMP_ECHO << 8) + 1;
214      } else {
215          iecho->chksum += htons(ICMP_ECHO << 8);
216      }
217  #endif
218
219
```

图 6.15　修改 icmp.c 以支持硬件帧校验

(7) LwIP 的裁剪和配置。在 LwIP 的源代码中有一个 opt.h 文件，这个文件是裁剪和配置 LwIP 的，不过最好不要直接在 opt.h 里面修改，可以打开 opt.h 文件看一下，里面的配置都是条件编译的。如果在其他地方有定义，那么在 opt.h 里面的定义就不起作用了。因此，可以新建一个.h 的文件来裁剪和配置 LwIP。前文提过在 LWIP\lwip_app\lwip_comm 下有一个 lwipopts.h 文件，这个文件就是用来裁剪和配置 lwipopts.h 的，lwipopts.h 配置代码如下：

```
#ifndef __LWIPOPTS_H__
#define __LWIPOPTS_H__

#define SYS_LIGHTWEIGHT_PROT    0

//NO_SYS==1:不使用操作系统
#define NO_SYS                  1   //不使用 μC/OS II 操作系统

//使用 4 字节对齐模式
#define MEM_ALIGNMENT           4

//MEM_SIZE:heap 内存的大小，如果在应用中有大量数据发送，则这个值最好设置得大一点
#define MEM_SIZE                10*1024 //内存堆大小

//MEMP_NUM_PBUF:memp 结构的 pbuf 数量，如果应用从 ROM 或者静态存储区发送大量数据时
//这个值应该设置得大一点
#define MEMP_NUM_PBUF           10

//MEMP_NUM_UDP_PCB:UDP 协议控制块(PCB)数量，每个活动的 UDP "连接"需要一个 PCB
#define MEMP_NUM_UDP_PCB        6

//MEMP_NUM_TCP_PCB:同时建立激活的 TCP 数量
#define MEMP_NUM_TCP_PCB        10

//MEMP_NUM_TCP_PCB_LISTEN:能够监听的 TCP 连接数量
```

```
#define MEMP_NUM_TCP_PCB_LISTEN 6

//MEMP_NUM_TCP_SEG:最多同时在队列中的 TCP 段数量
#define MEMP_NUM_TCP_SEG        20

//MEMP_NUM_SYS_TIMEOUT:能够同时激活的 timeout 个数
#define MEMP_NUM_SYS_TIMEOUT    5


/* ---------- Pbuf 选项---------- */
//PBUF_POOL_SIZE:pbuf 内存池个数
#define PBUF_POOL_SIZE          10

//PBUF_POOL_BUFSIZE:每个 pbuf 内存池大小
#define PBUF_POOL_BUFSIZE       1500


/* ---------- TCP 选项---------- */
#define LWIP_TCP                1   //为 1 时使用 TCP
#define TCP_TTL                 255//生存时间

/*当 TCP 的数据段超出队列时的控制位,当设备的内存过小时此项应为 0*/
#define TCP_QUEUE_OOSEQ         0

//最大 TCP 分段
#define TCP_MSS                 (1500 - 40)    //TCP_MSS = MTU - IP 报头大小
- TCP 报头大小

//TCP 发送缓冲区大小(bytes).
#define TCP_SND_BUF             (4*TCP_MSS)

//TCP_SND_QUEUELEN: TCP 发送缓冲区大小(pbuf),这个值最小为(2 * TCP_SND_BUF/TCP_MSS)
#define TCP_SND_QUEUELEN        (4* TCP_SND_BUF/TCP_MSS)

//TCP 发送窗口
#define TCP_WND                 (2*TCP_MSS)


/* ---------- ICMP 选项---------- */
#define LWIP_ICMP               1 //使用 ICMP 协议

/* ---------- DHCP 选项---------- */
//当使用 DHCP 时此位应该为 1, LwIP 0.5.1 版本中没有 DHCP 服务
#define LWIP_DHCP               1

/* ---------- UDP 选项 ---------- */
#define LWIP_UDP                1 //使用 UDP 服务
#define UDP_TTL                 255 //UDP 数据包生存时间


/* ---------- 统计选项 ---------- */
#define LWIP_STATS 0
#define LWIP_PROVIDE_ERRNO 1
```

```
/*
   -----------------------------------------------
   ---------- SequentialAPI 选项----------
   -----------------------------------------------
*/

//LWIP_NETCONN==1:使能 NETCON 函数(要求使用 api_lib.c)
#define LWIP_NETCONN                    0

/*
   -----------------------------------
   ---------- Socket API 选项----------
   -----------------------------------
*/
//LWIP_SOCKET==1:使能 Socket API(要求使用 sockets.c)
#define LWIP_SOCKET                     0

#define LWIP_COMPAT_MUTEX               1

#define LWIP_SO_RCVTIMEO                1 //通过定义 LWIP_SO_RCVTIMEO 使能
//netconn 结构体中 recv_timeout,使用 recv_timeout 可以避免阻塞线程


/*
   ---------------------------------------
   ---------- LwIP 调试选项----------
   ---------------------------------------
*/
//#define LWIP_DEBUG                    1 //开启 DEBUG 选项

#define ICMP_DEBUG                      LWIP_DBG_OFF //开启/关闭 ICMPdebug

#endif /* __LWIPOPTS_H__ */
```

可以看到,lwipopts.h 中有很多的宏定义,每个宏定义的后面已经给出了具体的解释,大家可以参考一下。这里只是给出了一个参考配置,大家在使用过程中一定要按照自己的需求来编写 lwipopts.h 里面的内容。

3. 软件设计

经过前文的介绍,LwIP 移植部分已经完成,下面可以编写 mian.c 文件来测试移植是否成功,在 main.c 文件中有两个函数,即 show_address()函数和 main()函数。show_address()函数用来在 LCD 上显示一些提示信息,如 MAC 地址、IP 地址、子网掩码、默认网关等信息。

下面重点介绍 main 函数。main 函数代码如下:

```
//在 LCD 上显示地址信息
//mode:1 显示 DHCP 获取到的地址
//其他显示静态地址
void show_address(u8 mode)
```

```
{
    u8 buf[30];
    if(mode==1)
    {

    sprintf((char*)buf,"MAC:%d.%d.%d.%d.%d.%d",lwipdev.mac[0],lwipdev.mac[1],lwipdev.mac[2],lwipdev.mac[3],lwipdev.mac[4],lwipdev.mac[5]);
//打印 MAC 地址
        LCD_ShowString(30,130,210,16,16,buf);
        sprintf((char*)buf,"DHCP
IP:%d.%d.%d.%d",lwipdev.ip[0],lwipdev.ip[1],lwipdev.ip[2],lwipdev.ip[3]);
                        //打印动态 IP 地址
        LCD_ShowString(30,150,210,16,16,buf);
        sprintf((char*)buf,"DHCP
GW:%d.%d.%d.%d",lwipdev.gateway[0],lwipdev.gateway[1],lwipdev.gateway[2],
lwipdev.gateway[3]);     //打印网关地址
        LCD_ShowString(30,170,210,16,16,buf);
        sprintf((char*)buf,"DHCP
IP:%d.%d.%d.%d",lwipdev.netmask[0],lwipdev.netmask[1],lwipdev.netmask[2],
lwipdev.netmask[3]);     //打印子网掩码地址
        LCD_ShowString(30,190,210,16,16,buf);
    }
    else
    {

    sprintf((char*)buf,"MAC:%d.%d.%d.%d.%d.%d",lwipdev.mac[0],lwipdev.mac[1],lwipdev.mac[2],lwipdev.mac[3],lwipdev.mac[4],lwipdev.mac[5]);
//打印 MAC 地址
        LCD_ShowString(30,130,210,16,16,buf);
        sprintf((char*)buf,"Static
IP:%d.%d.%d.%d",lwipdev.ip[0],lwipdev.ip[1],lwipdev.ip[2],lwipdev.ip[3]);
                        //打印动态 IP 地址
        LCD_ShowString(30,150,210,16,16,buf);
        sprintf((char*)buf,"Static
GW:%d.%d.%d.%d",lwipdev.gateway[0],lwipdev.gateway[1],lwipdev.gateway[2],
lwipdev.gateway[3]);     //打印网关地址
        LCD_ShowString(30,170,210,16,16,buf);
        sprintf((char*)buf,"Static
IP:%d.%d.%d.%d",lwipdev.netmask[0],lwipdev.netmask[1],lwipdev.netmask[2],
lwipdev.netmask[3]);     //打印子网掩码地址
        LCD_ShowString(30,190,210,16,16,buf);
    }
}

int main(void)
{
    u32 i;
    delay_init();          //延时函数初始化
    NVIC_PriorityGroupConfig(NVIC_PriorityGroup_2);     //设置 NVIC 中断分组
//2:2 位抢占优先级，2 位响应优先级
    uart_init(115200);     //串口初始化为 115200
    LED_Init();            //LED 端口初始化
    LCD_Init();            //初始化 LCD
    KEY_Init();            //初始化按键
    TIM3_Int_Init(1000,719);//定时器 3 频率为 100 Hz
```

```
    usmart_dev.init(72);      //初始化 USMART
    FSMC_SRAM_Init();         //初始化外部 SRAM
    my_mem_init(SRAMIN);      //初始化内部内存池
    my_mem_init(SRAMEX);      //初始化外部内存池
    POINT_COLOR = RED;
    LCD_ShowString(30,30,200,16,16,"WARSHIP STM32F103");
    LCD_ShowString(30,50,200,16,16,"Ethernet lwIP Test");
    LCD_ShowString(30,70,200,16,16,"ATOM@ALIENTEK");
    LCD_ShowString(30,90,200,16,16,"2015/3/20");
    while(lwip_comm_init())  //LwIP 初始化
    {
        LCD_ShowString(30,110,200,20,16,"LWIP Init Falied!");
        delay_ms(1200);
        LCD_Fill(30,110,230,130,WHITE);  //清除显示
        LCD_ShowString(30,110,200,16,16,"Retrying...");
    }
    LCD_ShowString(30,110,200,20,16,"LWIP Init Success!");
    LCD_ShowString(30,130,200,16,16,"DHCP IP configing...");
#if LWIP_DHCP   //使用 DHCP
    while((lwipdev.dhcpstatus!=2)&&(lwipdev.dhcpstatus!=0XFF))//等待 DHCP
//获取成功/超时溢出
    {
        lwip_periodic_handle(); //LwIP 内核需要定时处理的函数
        lwip_pkt_handle();
    }
#endif
    show_address(lwipdev.dhcpstatus);   //显示地址信息
    while(1)
    {
        lwip_periodic_handle(); //LwIP 内核需要定时处理的函数
        lwip_pkt_handle();
        i++;
        if(i==50000)
        {
            LED0=~LED0;
            i=0;
        }
    }
}
```

在 main 函数中首先完成对外设的初始化；然后调用 lwip_comm_init 函数初始化 LwIP。如果使用 DHCP 就先等待 DHCP 获取 IP 地址完成，然后在 LCD 上显示地址信息；如果 DHCP 获取地址失败，将使用默认地址；最后在一个 while 中循环调用 lwip_periodic_handle()函数和 lwip_pkt_handle()函数。在 main 函数中要注意，不管是在等待 DHCP 完成还是 DHCP 成功后都要周期性调用 lwip_periodic_handle()函数和 lwip_pkt_handle()函数，因为在这个函数中周期性调用协议栈内核的一些定时函数以满足 LwIP 的内核要求。

前文介绍了添加 USMART 组件，在这里就可以使用 USMART 组件，通过 USMART 组件就可以读取或者改写 DM9000 内部寄存器的配置，这是一种非常好的调试网络的方法。

至此，软件设计完成，编译后看有没有错误，可能会提示图 6.16 所示的两个警告，提

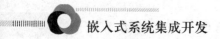

示 tcphdr 定义了但是没有使用，这两个警告可以忽略。

图 6.16　警告提示

4. 下载验证

(1) 连接设置。

在代码编译成功以后，下载代码到开发板中，通过网线连接开发板到路由器上，如果没有路由器也可以直接连接到计算机的 RJ45 接口上。由于 DM9000 具有自动翻转功能，所以连接计算机 RJ45 时就不需要更换网线。如果连接到计算机的 RJ45 接口上，那么开发板就不能使用 DHCP 功能，需要使用静态地址，例程中的默认静态 IP 地址为192.168.1.30，子网掩码为 255.255.255.0，默认网关为 192.168.1.1。连接上计算机端的RJ45 以后，还需要更改一下计算机的网络设置，操作步骤如下(此处以 Windows 7 系统为例)。

① 打开"控制面板"中的"网络和共享中心"，如图 6.17 所示。

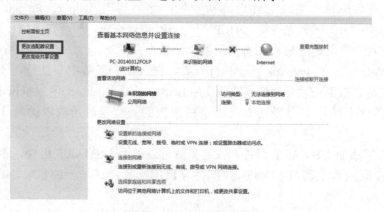

图 6.17　网络和共享中心

② 选择左侧的"更改适配器设置"选项，如图 6.18 所示。

图 6.18　更改适配器设置

③　选择"本地连接"选项,如图 6.19 所示。

图 6.19　本地连接

④　弹出图 6.20 所示对话框,单击"属性"按钮。

⑤　弹出图 6.21 所示对话框,选中"Internet 协议版本 4(TCP/IPv4)"复选框,并单击"属性"按钮。

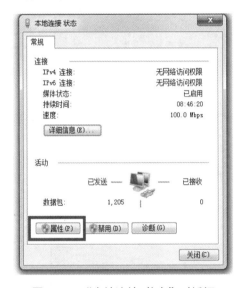

图 6.20　"本地连接 状态"对话框

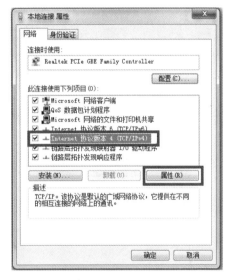

图 6.21　"本地连接 属性"对话框

⑥　出现图 6.22 所示对话框,选中"使用下面的 IP 地址"和"使用下面的 DNS 服务器地址"单选按钮。在"IP 地址"文本框中输入 192.168.1.x(x 为 2-254),在"子网掩码"文本框中输入 255.255.255.0,在"默认网关"文本框中输入 192.168.1.1,在"首选 DNS 服务器"文本框中输入 192.168.1.1,最后单击"确定"按钮。注意,计算机的 IP 地址一定要和开发板的 IP 地址在一个网络内!以后的实验都是连接到路由器上的,如果没有路由器都可以使用上面这种方法完成实验,只是不能使用 DHCP 服务。

(2)　验证测试。

打开串口调试助手,复位一下开发板。这里开启了 DHCP,大家也可以自行尝试一下关闭 DHCP 使用静态 IP 地址,下载完成后 LCD 显示页面如图 6.23 所示。

注意:如果开发板是和计算机的 RJ45 相连,而且开启了 DHCP,开发板就会等待 DHCP 完成,这时由于计算机没有 DHCP 服务,因此会等待很久,直到 DHCP 超时使用默认地址。

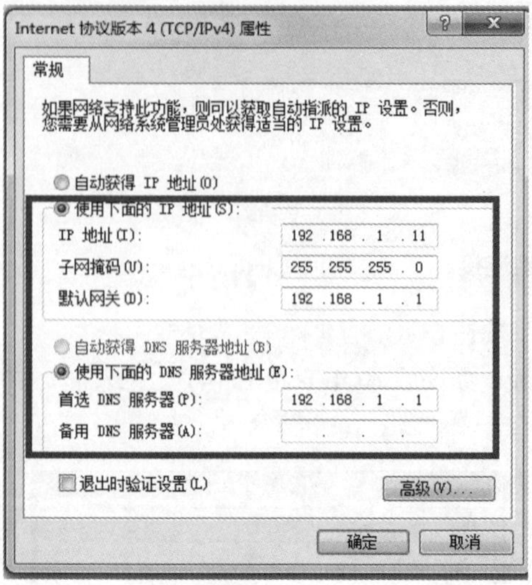

图 6.22 "Internet 协议版本 4(TCP/IPv4)属性"
对话框

图 6.23 LCD 显示页面

在串口调试助手上显示如图 6.24 所示，从图 6.24 中可以看出，和 LCD 上显示的地址信息是一致的。

图 6.24 串口调试助手显示

可以看到，此时通过路由器的 DHCP 分配到的 IP 地址为 192.168.1.103，默认网关为 192.168.1.1，子网掩码为 255.255.255.0。在计算机上 ping 开发板的 IP 地址，结果如图 6.25 所示。

图 6.25   ping 开发板测试

可以使用 USMART 组件调试 DM9000，前面已经配置好 USMART，打开串口调试助手(这里以 ALIENTEK 的 XCOM 串口调试助手为例)，打印出 USMART 支持的函数，在 USMART 中添加了 DM9000_ReadReg()、DM9000_WriteReg()、DM9000_ PHY_ReadReg() 和 DM9000_PHY_WriteReg() 4 个函数，如图 6.26 所示。

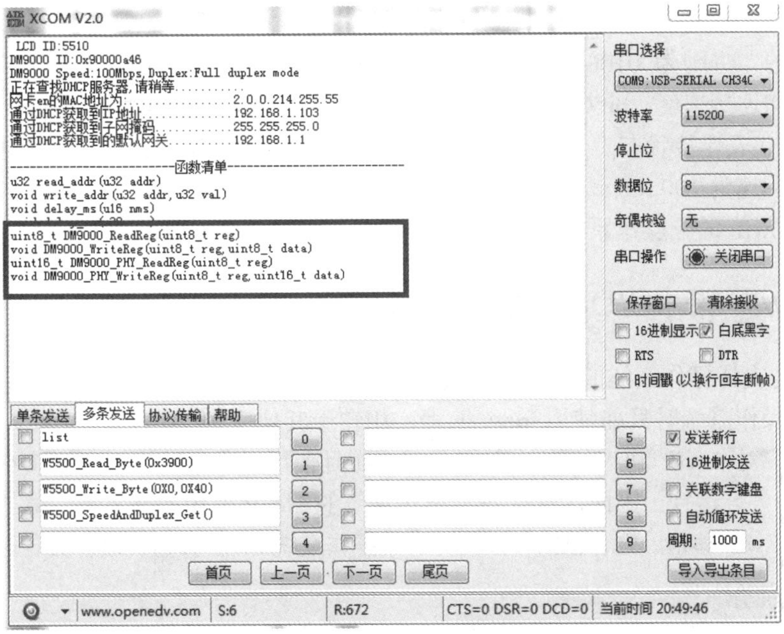

图 6.26   USMART 函数清单列表

在这里读取 DM9000 的 NSR 寄存器(0X01)，可以查看当前网络的连接速度，使用 DM9000_ReadReg()函数测试，DM9000_ReadReg()有一个参数 reg，reg 是需要读取的寄存器编号，在串口调试助手发送框输入 DM9000_ReadReg(0X01)，单击"发送"按钮，就可以看到开发板返回给串口调试助手的信息，也就是 NSR 寄存器的值，如图 6.27 所示，可

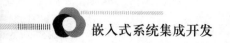
以看出此时 DM9000 的 NSR 寄存器值为 0X4C。

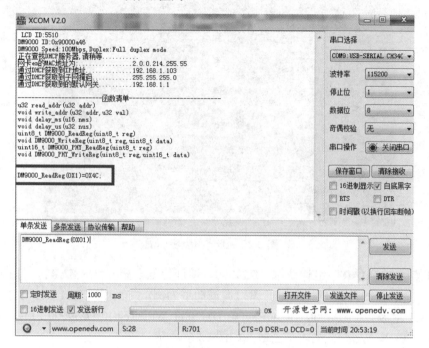

图 6.27　读取 DM9000 的 NSR 寄存器

0X4C 的二进制为 01001100，通过查阅 DM9000 的数据手册，知道寄存器 NSR 的 bit7 代表网络连接速度，bit7 为 0 时表示速度为 100 Mb/s，为 1 时表示速度为 10 Mb/s；NSR 的 bit6 代表连接状态，为 0 时说明连接失败，为 1 时说明连接成功。所以，此时网络连接成功，网速为 100 Mb/s。

至此，LwIP 的无操作系统移植完成。

6.2.2　LwIP 带 µC/OS II 操作系统移植

LwIP 是支持操作系统的，在操作系统的支持下可以使用 LwIP 提供的另外两种 API 编程。没有操作系统时只能使用 raw 编程，相较于其他两种 API 编程，raw 编程难度很大，需要用户对 LwIP 协议栈有一定的了解，而且使用操作系统以后可以多任务运行，将 LwIP 作为任务来运行。因此，掌握基于操作系统的 LwIP 使用非常重要。本小节就介绍带有 µC/OS 的 LwIP 移植，内容包括移植简介、带操作系统 LwIP 移植、软件设计及下载验证。

1. 移植简介

本节的移植是在前面无操作系统的基础上修改的，不介绍 µC/OS 的移植，关于 µC/OS 的移植可参阅《ALIENTEK STM32F1 UCOS 开发手册》。只需要对 lwipopts.h 文件和 lwip_comm.c 文件做简单修改，然后完成 sys_arch.h 和 sys_arch.c 这两个文件的编写。sys_arch.c 主要为协议栈提供邮箱、信号量等机制，在 LwIP 的 sys.h(这里为了避免与 SYSTEM 文件中的 sys.h 重名，改为 lwip_sys.h)中声明了这些需要实现的函数，在 sys_arch.c 文件中需要实现的宏定义和函数如表 6.2 所示。

表 6.2　需要实现的宏和函数

名　称	功　能	所在文件
sys_sem_t	指针，指向信号量	sys_arch.h
sys_mutex_t	指针，指向互斥信号量	sys_arch.h
sys_mbox_t	指针，指向消息邮箱	sys_arch.h
sys_thread_t	任务 ID	sys_arch.h
sys_mbox_new	创建消息邮箱	sys_arch.c
sys_mbox_free	删除一个邮箱	sys_arch.c
sys_mbox_post	向邮箱投递消息，阻塞	sys_arch.c
sys_mbox_trypost	尝试向邮箱投递消息，不阻塞	sys_arch.c
sys_arch_mbox_fetch	获取消息，阻塞	sys_arch.c
sys_arch_mbox_tryfetch	尝试获取消息，不阻塞	sys_arch.c
sys_mbox_valid	检查一个邮箱是否有效	sys_arch.c
sys_mbox_set_invalid	设置一个邮箱无效	sys_arch.c
sys_sem_new	创建一个信号量	sys_arch.c
sys_arch_sem_wait	等待一个信号量	sys_arch.c
sys_sem_signal	释放一个信号量	sys_arch.c
sys_sem_free	删除一个信号量	sys_arch.c
sys_sem_valid	查询一个信号量是否有效	sys_arch.c
sys_sem_set_invalid	设置一个信号量无效	sys_arch.c
sys_thread_new	创建进程	sys_arch.c
sys_init	初始化操作系统模拟层	sys_arch.c
sys_msleep	LwIP 延时函数	sys_arch.c
sys_now	获取当前系统时间	sys_arch.c

从表 6.2 可以看出，sys_arch.c 中要实现的主要是与消息邮箱、信号量和创建进程有关的函数，上层 API 与协议栈内核的数据交互就是通过消息邮箱和信号量来完成的。在 μC/OS 中提供了一整套的邮箱、信号量等机制，只需要对这些函数做简单的封装即可。最后，协议栈在初始化时会调用 sys_thread_new 函数创建一个进程，因此这个函数必须实现，其实现过程也是对 μC/OS 中的进程创建函数做简单的封装。

2. 带操作系统 LwIP 移植

(1) 修改 cc.h 文件。

在 LwIP 中支持针对关键代码的保护，如申请内存等，而知道在 μC/OS Ⅱ 有临界区保护，因此就可以使用 μC/OS Ⅱ 中的临界区保护函数。在 cc.h 文件中使用了宏定义来实现这一功能，其实介绍 LwIP 无操作系统移植时在 cc.h 文件中就已经添加了这段代码。另外，还需要在 cc.h 中添加 includes.h 头文件路径，如图 6.28 所示。

```
1  // cc.h属于LWIP TCP/IP协议栈一部分
2  // 作者: Adam Dunkels <adam@sics.se>
3
4  #ifndef __CC_H__
5  #define __CC_H__
6
7  #include "cpu.h"
8  #include "stdio.h"
9  #include "includes.h"   //使用UCOS 要添加此头文件!
10
```

图 6.28   添加 includes.h 头文件(cc.h 文件中)

(2)   修改 lwipopts.h 头文件。

lwipopts.h 是用来裁剪和配置 LwIP 的，那么要使用操作系统就需要对其进行相应的配置，在这里与无操作系统 LwIP 中 lwipopts.h 的配置不同。在 lwipopts.h 文件的定义中要注意以下几点。

①   因为要使用 µC/OS II 系统，所以 NO_SYS 定义为 0。

②   使用操作系统时要对 LwIP 中关键代码做保护，因此要定义 SYS_LIGHTWEIGHT_ PROT 为 1。

③   如果使用 NETCONN 编程方式，就定义 LWIP_NETCONN 为 1。

④   如果使用 SOCKET 编程方式，就定义 LWIP_SOCKET 为 1。

上面只是列举的一小部分配置，使用 µC/OS II 还需要很多的配置，具体配置参考 lwipopts.h 文件。这里就不再一一解释了。

(3)   修改 sys_arch.h 头文件。

在 sys_arch.h 中定义了消息邮箱的数量和每个消息邮箱的大小，在这个文件中还定义了 4 种数据类型，即 sys_sem_t、sys_mutex_t、sys_mbox_t 和 sys_thread_t，分别为信号量、互斥信号量、消息邮箱和线程 ID。除了 sys_mbox_t 外，其他 3 个很好理解，sys_mbox_t 的定义比较麻烦，这里不能直接使用 µC/OS 的消息邮箱，使用的是消息队列，移植时需要自己定义在 LwIP 中使用的邮箱类型结构体，sys_arch.h 文件代码如下：

```
#ifndef __ARCH_SYS_ARCH_H__
#define __ARCH_SYS_ARCH_H__
#include <includes.h>
#include "arch/cc.h"
#include "includes.h"

#ifdef SYS_ARCH_GLOBALS
#define SYS_ARCH_EXT
#else
#define SYS_ARCH_EXT extern
#endif

#define MAX_QUEUES              10              // 消息邮箱的数量
#define MAX_QUEUE_ENTRIES       20              // 每个消息邮箱的大小
//LwIP 消息邮箱结构体
typedef struct {
    OS_EVENT*   pQ;                             //µC/OS 中指向事件控制块的指针
    void*       pvQEntries[MAX_QUEUE_ENTRIES];  //消息队列 MAX_QUEUE_ENTRIES
                                                //中最多消息数
} TQ_DESCR, *PQ_DESCR;
```

```
typedef OS_EVENT *sys_sem_t;     //LwIP 使用的信号量
typedef OS_EVENT *sys_mutex_t;   //LwIP 使用的互斥信号量
typedef PQ_DESCR sys_mbox_t;      //LwIP 使用的消息邮箱，其实就是 μC/OS II 中的消息队列
typedef INT8U sys_thread_t;       //线程 ID，也就是任务优先级
#endif
```

(4) 修改 sys_arch.c 文件。

sys_arch.c 是一个非常重要的文件，在这个文件中定义了 LwIP 用到的关于信号量、消息邮箱的操作函数。

① 消息邮箱函数。与邮箱有关的函数要使用操作系统中的消息队列，有关于消息邮箱的这些函数功能来自移植手册 sys_arch.txt，相关代码如下：

```
//创建一个消息邮箱
//*mbox:消息邮箱
//size:邮箱大小
//返回值:ERR_OK，创建成功
//其他，创建失败
err_t sys_mbox_new( sys_mbox_t *mbox, int size)
{
    (*mbox)=mymalloc(SRAMIN,sizeof(TQ_DESCR)); //为消息邮箱申请内存
    mymemset((*mbox),0,sizeof(TQ_DESCR));         //清除 mbox 的内存
    if(*mbox)//内存分配成功
    {
        if(size>MAX_QUEUE_ENTRIES)size=MAX_QUEUE_ENTRIES;
    //消息队列最多容纳 MAX_QUEUE_ENTRIES 消息数目
        (*mbox)->pQ=OSQCreate(&((*mbox)->pvQEntries[0]),size);
    //使用 μC/OS II 创建一个消息队列
        LWIP_ASSERT("OSQCreate",(*mbox)->pQ!=NULL);
        if((*mbox)->pQ!=NULL)return ERR_OK;//返回 ERR_OK，表示消息队列创建成功
                                            //ERR_OK=0
        else
        {
            myfree(SRAMIN,(*mbox));
            return ERR_MEM;                 //消息队列创建错误
        }
    }else return ERR_MEM;                    //消息队列创建错误
}
//释放并删除一个消息邮箱
//*mbox:要删除的消息邮箱
void sys_mbox_free(sys_mbox_t * mbox)
{
    u8_t ucErr;
    sys_mbox_t m_box=*mbox;
    (void)OSQDel(m_box->pQ,OS_DEL_ALWAYS,&ucErr);
    LWIP_ASSERT( "OSQDel ",ucErr == OS_ERR_NONE );
    myfree(SRAMIN,m_box);
    *mbox=NULL;
}
//向消息邮箱中发送一条消息(必须发送成功)
//*mbox:消息邮箱
//*msg:要发送的消息
```

```
void sys_mbox_post(sys_mbox_t *mbox,void *msg)
{
    if(msg==NULL)msg=(void*)&pvNullPointer;
    //当 msg 为空时，msg 等于 pvNullPointer 指向的值
    while(OSQPost((*mbox)->pQ,msg)!=OS_ERR_NONE);   //死循环等待消息发送成功
}
//尝试向一个消息邮箱发送消息
//此函数相对于 sys_mbox_post 函数只发送一次消息，
//发送失败后不会尝试第二次发送
//*mbox:消息邮箱
//*msg:要发送的消息
//返回值:ERR_OK，发送 OK
//ERR_MEM，发送失败
err_t sys_mbox_trypost(sys_mbox_t *mbox, void *msg)
{
    if(msg==NULL)msg=(void*)&pvNullPointer;
    //当 msg 为空时，msg 等于 pvNullPointer 指向的值
    if((OSQPost((*mbox)->pQ, msg))!=OS_ERR_NONE)return ERR_MEM;
    return ERR_OK;
}


//等待邮箱中的消息
//*mbox:消息邮箱
//*msg:消息
//timeout:超时时间，如果 timeout 为 0，就一直等待
//返回值:当 timeout 不为 0 时，如果成功就返回等待的时间，
//失败就返回超时 SYS_ARCH_TIMEOUT
u32_t sys_arch_mbox_fetch(sys_mbox_t *mbox, void **msg, u32_t timeout)
{
    u8_t ucErr;
    u32_t ucos_timeout,timeout_new;
    void *temp;
    sys_mbox_t m_box=*mbox;
    if(timeout!=0)
    {
        ucos_timeout=(timeout*OS_TICKS_PER_SEC)/1000;
//转换为节拍数，因为 μC/OS II 延时使用的是节拍数，而 LwIP 是用 ms
        if(ucos_timeout<1)ucos_timeout=1;//至少 1 个节拍
    }else ucos_timeout = 0;
    timeout = OSTimeGet();   //获取系统时间
    temp=OSQPend(m_box->pQ,(u16_t)ucos_timeout,&ucErr);
//请求消息队列，等待时限为 ucos_timeout
    if(msg!=NULL)
    {
        if(temp==(void*)&pvNullPointer)*msg = NULL;
    //因为 LwIP 发送空消息时使用了 pvNullPointer 指针，所以判断 pvNullPointer 指向的值
        else *msg=temp;                //就可知道请求到的消息是否有效
    }
    if(ucErr==OS_ERR_TIMEOUT)timeout=SYS_ARCH_TIMEOUT;   //请求超时
    else
    {
        LWIP_ASSERT("OSQPend ",ucErr==OS_ERR_NONE);
        timeout_new=OSTimeGet();
```

```
        if (timeout_new>timeout) timeout_new = timeout_new - timeout;
    //计算出请求消息或使用的时间
        else timeout_new = 0xffffffff - timeout + timeout_new;
        timeout=timeout_new*1000/OS_TICKS_PER_SEC + 1;
    }
    return timeout;
}
//尝试获取消息
//*mbox:消息邮箱
//*msg:消息
//返回值:等待消息所用的时间/SYS_ARCH_TIMEOUT
u32_t sys_arch_mbox_tryfetch(sys_mbox_t *mbox, void **msg)
{
    return sys_arch_mbox_fetch(mbox,msg,1);//尝试获取一个消息
}
//检查一个消息邮箱是否有效
//*mbox:消息邮箱
//返回值:1，有效
//0，无效
int sys_mbox_valid(sys_mbox_t *mbox)
{
    sys_mbox_t m_box=*mbox;
    u8_t ucErr;
    int ret;
    OS_Q_DATA q_data;
    memset(&q_data,0,sizeof(OS_Q_DATA));
    ucErr=OSQQuery (m_box->pQ,&q_data);
    ret=(ucErr<2&&(q_data.OSNMsgs<q_data.OSQSize))?1:0;
    return ret;
}
//设置一个消息邮箱为无效
//*mbox:消息邮箱
void sys_mbox_set_invalid(sys_mbox_t *mbox)
{
    *mbox=NULL;
}
```

这里对 sys_arch_mbox_fetch()函数做一下简单介绍。根据 LwIP 协议栈要求，当 sys_arch_mbox_fetch()函数的参数 timeout 不为 0 时，需要返回等待消息所使用的时间 (ms)，μC/OS Ⅱ操作系统提供的 OSQPend()函数并没有这个功能，因此需要自行实现。因为在 LwIP 中时间单位为 ms，而 μC/OS Ⅱ中的时间单位为节拍数，因此在 sys_arch_mbox_fetch()函数一开始先将输入的参数 timeout 转化为 μC/OS 使用的节拍数。为了记录等待消息所用的时间，在调用 OSQPend()函数之前记录下当前的系统节拍为 timeout，在等到消息以后记录下系统节拍 timeout_new。通过计算得到等待消息时所耗费的时间，当然结果是系统节拍数，因此最后要将这个系统节拍数转化为 ms，并返回该值。如果等待消息超时，就直接返回 SYS_ARCH_TIMEOUT。

② 信号量相关函数。LwIP 要求的信号量功能和 μC/OS 提供的信号量功能相似，因此只是对 μC/OS 的信号量做简单的封装而已，关于 LwIP 中信号量函数的功能来自移植文档 sys_arch.txt，有关信号量代码如下：

```
//创建一个信号量
//*sem:创建的信号量
//count:信号量值
//返回值:ERR_OK,创建 OK
//ERR_MEM,创建失败
err_t sys_sem_new(sys_sem_t * sem, u8_t count)
{
    u8_t err;
    *sem=OSSemCreate((u16_t)count);
    if(*sem==NULL)return ERR_MEM;
    OSEventNameSet(*sem,"LwIP Sem",&err);
    LwIP_ASSERT("OSSemCreate ",*sem != NULL );
    return ERR_OK;
}
//等待一个信号量
//*sem:要等待的信号量
//timeout:超时时间
//返回值:当 timeout 不为 0 时,如果成功就返回等待的时间,
//失败就返回超时 SYS_ARCH_TIMEOUT
u32_t sys_arch_sem_wait(sys_sem_t *sem, u32_t timeout)
{
    u8_t ucErr;
    u32_t ucos_timeout, timeout_new;
    if( timeout!=0)
    {
        ucos_timeout = (timeout * OS_TICKS_PER_SEC) / 1000;
        //转换为节拍数,因为 μC/OS II 延时使用的是节拍数,而 LwIP 是用 ms
        if(ucos_timeout < 1)
        ucos_timeout = 1;
    }else ucos_timeout = 0;
    timeout = OSTimeGet();
    OSSemPend (*sem,(u16_t)ucos_timeout, (u8_t *)&ucErr);
    if(ucErr == OS_ERR_TIMEOUT)timeout=SYS_ARCH_TIMEOUT;//请求超时
    else
    {
        timeout_new = OSTimeGet();
        if (timeout_new>=timeout) timeout_new = timeout_new - timeout;
        else timeout_new = 0xffffffff - timeout + timeout_new;
        timeout = (timeout_new*1000/OS_TICKS_PER_SEC + 1);
        //计算出请求消息或使用的时间(ms)
    }
    return timeout;
}
//发送一个信号量
//sem:信号量指针
void sys_sem_signal(sys_sem_t *sem)
{
    OSSemPost(*sem);
}
//释放并删除一个信号量
//sem:信号量指针
void sys_sem_free(sys_sem_t *sem)
{
    u8_t ucErr;
```

```
    (void)OSSemDel(*sem,OS_DEL_ALWAYS,&ucErr );
    if(ucErr!=OS_ERR_NONE)LWIP_ASSERT("OSSemDel ",ucErr==OS_ERR_NONE);
    *sem = NULL;
}
//查询一个信号量的状态,无效或有效
//sem:信号量指针
//返回值:1, 有效
//0, 无效
int sys_sem_valid(sys_sem_t *sem)
{
    OS_SEM_DATA  sem_data;
    return (OSSemQuery (*sem,&sem_data) == OS_ERR_NONE )? 1:0;
}
//设置一个信号量无效
//sem:信号量指针
void sys_sem_set_invalid(sys_sem_t *sem)
{
    *sem=NULL;
}
//arch 初始化
void sys_init(void)
{
    //这里该函数不做任何事情
}
```

sys_arch_sem_wait()函数为等待信号量函数, 和 sys_arch_mbox_fetch()函数一样, sys_arch_sem_wait()函数也要返回等待信号量所用的时间, 这里我们的处理方法和 sys_arch_mbox_fetch()函数相同, 我们可以对比地看一下 sys_arch_mbox_fetch()函数的处理过程。

③　创建新进程。在有操作系统的支持下, LwIP 内核会用 sys_thread_new 函数来创建内核进程处理协议栈的所有任务。当然, 这个创建进程的函数是对 μC/OS 中创建新任务函数 OSTaskCreate()的简单分装。注意: 对 sys_thread_new()函数做了特殊处理, 使这个函数仅仅用于 LwIP 自身调用创建 tcpip 内核线程。如果要创建其他任务, 一定要使用 μC/OS 的 OSTaskCreate()函数。sys_thread_new 代码如下:

```
extern OS_STK*TCPIP_THREAD_TASK_STK; //TCP IP内核任务堆栈,在lwip_comm函数定义
//创建一个新进程
//*name:进程名称
//thred:进程任务函数
//*arg:进程任务函数的参数
//stacksize:进程任务的堆栈大小
//prio:进程任务的优先级
sys_thread_t sys_thread_new(const char *name, lwip_thread_fn thread,
void *arg, int stacksize, int prio)
{
    OS_CPU_SR cpu_sr;
    if(strcmp(name,TCPIP_THREAD_NAME)==0)//创建 TCP IP内核任务
    {
        OS_ENTER_CRITICAL();  //进入临界区
        OSTaskCreate(thread,arg,(OS_STK*)&TCPIP_THREAD_TASK_STK[stacksize-1],
prio);//创建 TCP IP 内核任务
```

```
        OS_EXIT_CRITICAL();   //退出临界区
    }
    return 0;
}
//LwIP 延时函数
//ms:要延时的 ms 数
void sys_msleep(u32_t ms)
{
    delay_ms(ms);
}
//获取系统时间，LwIP1.4.1 增加的函数
//返回值:当前系统时间(单位:ms)
u32_t sys_now(void)
{
    u32_t ucos_time, lwip_time;
    ucos_time=OSTimeGet();   //获取当前系统时间，得到的是 μC/OS 的节拍数
    lwip_time=(ucos_time*1000/OS_TICKS_PER_SEC+1);//将节拍数转换为 LwIP 的时间 ms
    return lwip_time;           //返回 lwip_time;
}
```

最后还实现了 sys_msleep 函数和 sys_now 函数，它们分别为 LwIP 用到的延时函数和获取系统时间函数。sys_msleep 函数很简单，sys_now 函数是先获取到 μC/OS 的时间节拍，然后将其转换为 LwIP 使用的 ms，并返回这个时间值。

④ 修改 dm9000.c 文件。带操作系统的 LwIP 实验中的 dm9000.c 和不带操作系统的区别，主要是 DM9000_SendPacket()、DM9000_Receive_Packet()和 DMA9000_ISRHandler()这 3 个函数不同。函数 DM9000_SendPacket()依旧是通过 DM9000 发送数据，只是有操作系统的支持，所以就显得特立独行。DM9000_SendPacket()函数代码如下:

```
//通过 DM9000 发送数据包
//p:pbuf 结构体指针
void DM9000_SendPacket(struct pbuf *p)
{
    struct pbuf *q;
    u16 pbuf_index = 0;
    u8 word[2], word_index = 0;
    u8 err;
    //printf("send len:%d\r\n",p->tot_len);
    OSMutexPend(dm9000lock,0,&err);           //请求互斥信号量，锁定 DM9000
    DM9000_WriteReg(DM9000_IMR,IMR_PAR);    //关闭网卡中断
    DM9000->REG=DM9000_MWCMD;
    //发送此命令后就可以将要发送的数据搬到 DM9000 TX SRAM 中
    q=p;
    //向 DM9000 的 TX SRAM 中写入数据，一次写入两个字节数据
    //当要发送的数据长度为奇数时，我们需要将最后一个字节单独写入 DM9000 的 TX SRAM 中
    while(q)
    {
        if (pbuf_index < q->len)
        {
            word[word_index++] = ((u8_t*)q->payload)[pbuf_index++];
            if (word_index == 2)
            {
                DM9000->DATA=((u16)word[1]<<8)|word[0];
```

```
            word_index = 0;
        }
    }else
    {
        q=q->next;
        pbuf_index = 0;
    }
}
//还有一个字节未写入 TX SRAM
if(word_index==1)DM9000->DATA=word[0];
//向 DM9000 写入发送长度
DM9000_WriteReg(DM9000_TXPLL,p->tot_len&0XFF);
DM9000_WriteReg(DM9000_TXPLH,(p->tot_len>>8)&0XFF);
//设置要发送数据的数据长度
DM9000_WriteReg(DM9000_TCR,0X01);                //启动发送
while((DM9000_ReadReg(DM9000_ISR)&0X02)==0);    //等待发送完成
DM9000_WriteReg(DM9000_ISR,0X02);               //清除发送完成中断
DM9000_WriteReg(DM9000_IMR,dm9000cfg.imr_all); //DM9000 网卡接收中断使能
OSMutexPost(dm9000lock);              //发送互斥信号量，解锁 DM9000
}
```

使用互斥信号量 dm9000lock 进行共享资源区的保护，防止多个任务同时操作 DM9000 发送数据，确保一次只有一个任务使用 DM9000 发送数据。互斥信号量 dm9000lock 会在函数 lwip_comm_init()中创建，后文将会详细介绍。

释放互斥信号量 dm9000lock 的用法如下。

函数 DM9000_Receive_Packet()的功能还是从 DM9000 中接收数据，函数代码如下：

```
//DM9000 接收数据包
//接收到的数据包存放在 DM9000 的 RX FIFO 中，地址为 0X0C00~0X3FFF
//接收到的数据包的前 4 字节并不是真实的数据，而是有特定含义的
//byte1:表明是否接收到数据，为 0x00 或者 0X01，如果两个都不是一定要软件复位 DM9000
//0x01，接收到数据
//0x00，未接收到数据
//byte2:第二个字节表示一些状态信息，和 DM9000 的 RSR(0X06)寄存器一致
//byte3:本帧数据长度的低字节
//byte4:本帧数据长度的高字节
//返回值：pbuf 格式所接收到的数据包
struct pbuf *DM9000_Receive_Packet(void)
{
    struct pbuf* p;
    struct pbuf* q;
    u32 rxbyte;
    vu16 rx_status, rx_length;
    u16* data;
    u16 dummy;
    int len;
    u8 err;

    p=NULL;
    OSMutexPend(dm9000lock,0,&err);       //请求互斥信号量，锁定 DM9000
__error_retry:
    DM9000_ReadReg(DM9000_MRCMDX);        //假读
```

```
    rxbyte=(u8)DM9000->DATA;                //进行第二次读取
    if(rxbyte)                              //接收到数据
    {
        if(rxbyte>1)                        //rxbyte 大于 1，接收到的数据错误，挂了

        {
          printf("dm9000 rx: rx error, stop device\r\n");
            DM9000_WriteReg(DM9000_RCR,0x00);
            DM9000_WriteReg(DM9000_ISR,0x80);
            return (struct pbuf*)p;
        }
        DM9000->REG=DM9000_MRCMD;
        rx_status=DM9000->DATA;
      rx_length=DM9000->DATA;
        //if(rx_length>512)printf("rxlen:%d\r\n",rx_length);
    p=pbuf_alloc(PBUF_RAW,rx_length,PBUF_POOL);        //pbufs 内存池分配 pbuf
        if(p!=NULL)                         //内存申请成功
        {
            for(q=p;q!=NULL;q=q->next)
            {
                data=(u16*)q->payload;
                len=q->len;
                while(len>0)
                {
                    *data=DM9000->DATA;
                    data++;
                    len-= 2;
                }
            }
        }else                                       //内存申请失败
        {
            printf("pbuf 内存申请失败:%d\r\n",rx_length);
            data=&dummy;
            len=rx_length;
            while(len)
            {
                *data=DM9000->DATA;
                len-=2;
            }
        }
        //根据 rx_status 判断接收数据是否出现以下错误，包括 FIFO 溢出、CRC 错误
        //对齐错误、物理层错误，如果有任何一个出现则丢弃该数据帧
        //当 rx_length 小于 64 或者大于最大数据长度时也丢弃该数据帧
        if((rx_status&0XBF00) || (rx_length < 0X40) || (rx_length >
    DM9000_PKT_MAX))
        {
            printf("rx_status:%#x\r\n",rx_status);
            if (rx_status & 0x100)printf("rx fifo error\r\n");
          if (rx_status & 0x200)printf("rx crc error\r\n");
          if (rx_status & 0x8000)printf("rx length error\r\n");
          if (rx_length>DM9000_PKT_MAX)
          {
                printf("rx length too big\r\n");
                DM9000_WriteReg(DM9000_NCR, NCR_RST);   //复位 DM9000
```

```
                delay_ms(5);
            }
            if(p!=NULL)pbuf_free((struct pbuf*)p);        //释放内存
            p=NULL;
            goto __error_retry;
        }
    }else
    {
        DM9000_WriteReg(DM9000_ISR,ISR_PTS);              //清除所有中断标志位
        dm9000cfg.imr_all=IMR_PAR|IMR_PRI;                //重新接收中断
        DM9000_WriteReg(DM9000_IMR, dm9000cfg.imr_all);
    }
    OSMutexPost(dm9000lock);                //发送互斥信号量,解锁 DM9000
    return (struct pbuf*)p;
}
```

　　使用互斥信号量 dm9000lock 来进行共享资源区的保护,可防止多个任务同时操作 DM9000 接收数据,确保一次只有一个任务使用 DM9000 接收数据。互斥信号量 dm9000lock 会在函数 lwip_comm_init()中创建,后文将会详细介绍。

　　可以看出,DM9000_Receive_Packet()函数和 DM9000_SendPacket()函数都是使用互斥信号量 dm9000lock 来确保一次只有一个任务在操作 DM9000;否则就会由于竞争出现问题。

　　最后来看一下 DM9000 的中断函数 DMA9000_ISRHandler(),函数代码如下:

```
void DMA9000_ISRHandler(void)
{
    u16 int_status;
    u16 last_io;
    last_io = DM9000->REG;
    int_status=DM9000_ReadReg(DM9000_ISR);
    DM9000_WriteReg(DM9000_ISR,int_status);
    //清除中断标志位,DM9000 的 ISR 寄存器的 bit0~bit5 写 1 清零
    if(int_status & ISR_ROS)printf("overflow \r\n");
    if(int_status & ISR_ROOS)printf("overflow counter overflow \r\n");
    if(int_status & ISR_PRS)        //接收中断
    {
        OSSemPost(dm9000input);     //处理接收到数据帧
    }
    if(int_status&ISR_PTS)          //发送中断
    {
                                    //接收中断处理,这里没用到
    }
    DM9000->REG=last_io;
}
```

　　当 DM9000 接收完数据以后就会产生中断,在中断中发送信号量 dm9000input,这里的信号量 dm9000input 是用来做任务同步的,ethernetif.c 文件中的函数 ethernetif_input()会请求信号量 dm9000input,一旦请求到该信号量说明有数据接收到,则会调用函数 low_level_input()进行数据接收。

　　⑤ 修改 ethernetif.c 文件。ethernetif.c 文件中的函数 ethernetif_input()需要修改,修

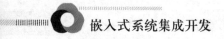

嵌入式系统集成开发

改后的代码如下：

```
err_t ethernetif_input(struct netif *netif)
{
    INT8U _err;
    err_t err;
    struct pbuf *p;
    while(1)
    {
        OSSemPend(dm9000input,0,&_err);    //请求信号量
        if(_err == OS_ERR_NONE)
        {
            while(1)
            {
                p=low_level_input(netif); //调用low_level_input函数接收数据
                if(p!=NULL)
                {
                    err=netif->input(p, netif);
//调用netif结构体中的input字段(一个函数)来处理数据包
                    if(err!=ERR_OK)
                    {
                        LWIP_DEBUGF(NETIF_DEBUG,("ethernetif_input: IP input error\n"));
                        pbuf_free(p);
                        p = NULL;
                    }
                }else break;
            }
        }
    }
}
```

等待信号量 dm9000input，当 DM9000 接收到数据以后就会发送信号量 dm9000input
来做任务同步。

⑥ 修改 lwip_comm.c 文件。lwip_comm.c 文件基本与前文介绍的不带操作系统相
同，共有 8 个函数，如表 6.3 所示。

表 6.3 lwip_comm.c 文件中函数描述

函　数	描　述
lwip_dm9000_input_task()	DM9000 数据接收任务
\lwip_comm_mem_malloc()	内存申请函数
lwip_comm_mem_free()	内存释放
lwip_comm_default_ip_set()	设置相关的默认地址
lwip_comm_init()	LwIP 初始化
lwip_comm_dhcp_creat()	创建 DHCP 任务
lwip_comm_dhcp_delete()	删除 DHCP 任务
lwip_dhcp_task()	DHCP 任务函数

因为有操作系统的支持，所以可以创建一个任务来接收数据，这个任务函数为
lwip_dm9000_input_task()，代码如下：

```
//DM9000 数据接收处理任务
```

```
void lwip_dm9000_input_task(void *pdata)
{
//从网络缓冲区中读取接收到的数据包并将其发送给 LwIP 处理
ethernetif_input(&lwip_netif);
}
```

lwip_dm9000_input_task()任务函数很简单，只是简单地调用了 ethernetif_input()函数来完成网络数据的接收。

lwip_comm_mem_malloc()函数为内存申请函数，在无操作系统的移植中已经介绍过，但是这里的此函数和前面无操作系统的移植中有点不同，函数代码如下：

```
//lwip 内核部分，内存申请
//返回值:0，成功
//其他，失败
u8 lwip_comm_mem_malloc(void)
{
    u32 mempsize;
    u32 ramheapsize;
    mempsize=memp_get_memorysize();            //得到 memp_memory 数组大小
    memp_memory=mymalloc(SRAMIN,mempsize); //为 memp_memory 申请内存
    printf("memp_memory 内存大小为:%d\r\n",mempsize);
    ramheapsize=LWIP_MEM_ALIGN_SIZE(MEM_SIZE)+2*LWIP_MEM_ALIGN_SIZE(4*3)
+MEM_ALIGNMENT;//得到 ram heap 大小
    ram_heap=mymalloc(SRAMIN,ramheapsize); //为 ram_heap 申请内存
    printf("ram_heap 内存大小为:%d\r\n",ramheapsize);
    TCPIP_THREAD_TASK_STK=mymalloc(SRAMIN,TCPIP_THREAD_STACKSIZE*4);
        //给内核任务申请堆栈
    LWIP_DHCP_TASK_STK=mymalloc(SRAMIN,LWIP_DHCP_STK_SIZE*4);
        //给 dhcp 任务申请堆栈
    LWIP_DM9000_INPUT_TASK_STK=mymalloc(SRAMIN,LWIP_DM9000_INPUT_TASK_SI
ZE*4);   //给 dm9000 接收任务申请堆栈
    if(!memp_memory||!ram_heap||!TCPIP_THREAD_TASK_STK||!LWIP_DHCP_TASK_
STK||!LWIP_DM9000_INPUT_TASK_STK)//有申请失败的
    {
        lwip_comm_mem_free();
        return 1;
    }
    return 0;
}
```

上面的代码是为 3 个任务的任务堆栈申请内存，这 3 个任务为 TCPIP 内核任务、DHCP 任务和网络数据接收任务。

lwip_comm_mem_free()函数和 lwip_comm_default_ip_set()函数很简单，分别为释放内存和设置与 LwIP 地址有关的信息。

```
//lwip 内核部分，内存释放
void lwip_comm_mem_free(void)
{
    myfree(SRAMIN,memp_memory);
    myfree(SRAMIN,ram_heap);
    myfree(SRAMIN,TCPIP_THREAD_TASK_STK);
    myfree(SRAMIN,LWIP_DHCP_TASK_STK);
```

```
        myfree(SRAMIN,LWIP_DM9000_INPUT_TASK_STK);
}
//lwip 默认 IP 设置
//lwipx:lwip 控制结构体指针
void lwip_comm_default_ip_set(__lwip_dev *lwipx)
{
    //默认远端 IP 为:192.168.1.100
    lwipx->remoteip[0]=192;
    lwipx->remoteip[1]=168;
    lwipx->remoteip[2]=1;
    lwipx->remoteip[3]=100;
    //MAC 地址设置(高 3 字节固定为:2.0.0,低 3 字节用 STM32 唯一 ID)
    lwipx->mac[0]=dm9000cfg.mac_addr[0];
    lwipx->mac[1]=dm9000cfg.mac_addr[1];
    lwipx->mac[2]=dm9000cfg.mac_addr[2];
    lwipx->mac[3]=dm9000cfg.mac_addr[3];
    lwipx->mac[4]=dm9000cfg.mac_addr[4];
    lwipx->mac[5]=dm9000cfg.mac_addr[5];
    //默认本地 IP 为 192.168.1.30
    lwipx->ip[0]=192;
    lwipx->ip[1]=168;
    lwipx->ip[2]=1;
    lwipx->ip[3]=30;
    //默认子网掩码为 255.255.255.0
    lwipx->netmask[0]=255;
    lwipx->netmask[1]=255;
    lwipx->netmask[2]=255;
    lwipx->netmask[3]=0;
    //默认网关为 192.168.1.1
    lwipx->gateway[0]=192;
    lwipx->gateway[1]=168;
    lwipx->gateway[2]=1;
    lwipx->gateway[3]=1;
    lwipx->dhcpstatus=0;//没有 DHCP
}
```

lwip_comm_init()函数很重要，和前面无操作系统移植时的函数有点不同，此函数代码如下：

```
//LwIP 初始化(LwIP 启动时使用)
//返回值:0，成功
//1，内存错误
//2，DM9000 初始化失败
//3，网卡添加失败
u8 lwip_comm_init(void)
{
    OS_CPU_SR cpu_sr;
    u8 err;
    struct netif *Netif_Init_Flag;
    //调用 netif_add()函数时的返回值，用于判断网络初始化是否成功
    struct ip_addr ipaddr;          //IP 地址
    struct ip_addr netmask;         //子网掩码
    struct ip_addr gw;              //默认网关
    if(lwip_comm_mem_malloc())return 1; //内存申请失败
```

```
    dm9000input=OSSemCreate(0);  //创建数据接收信号量，必须在 DM9000 初始化之前创建
    dm9000lock=OSMutexCreate(2,&err);   //创建互斥信号量，提高到优先级 2

    if(DM9000_Init())return 2;             //初始化 DM9000AEP
    tcpip_init(NULL,NULL);
    //初始化 tcp ip 内核，该函数里面会创建 tcpip_thread 内核任务
    lwip_comm_default_ip_set(&lwipdev);      //设置默认 IP 等信息
#if LWIP_DHCP        //使用动态 IP
    ipaddr.addr = 0;
    netmask.addr = 0;
    gw.addr = 0;
#else
    IP4_ADDR(&ipaddr,lwipdev.ip[0],lwipdev.ip[1],lwipdev.ip[2],lwipdev.i
p[3]);
    IP4_ADDR(&netmask,lwipdev.netmask[0],lwipdev.netmask[1] ,lwipdev.net
mask[2],lwipdev.netmask[3]);
    IP4_ADDR(&gw,lwipdev.gateway[0],lwipdev.gateway[1],lwipdev.gateway[2
],lwipdev.gateway[3]);
    printf("网卡 en 的 MAC 地址为:.................
%d.%d.%d.%d.%d.%d\r\n",lwipdev.mac[0],lwipdev.mac[1],lwipdev.mac[2],lwip
dev.mac[3],lwipdev.mac[4],lwipdev.mac[5]);
    printf("静态 IP 地址.....................
%d.%d.%d.%d\r\n",lwipdev.ip[0],lwipdev.ip[1],lwipdev.ip[2],lwipdev.ip[3]);
    printf("子网掩码.........................
%d.%d.%d.%d\r\n",lwipdev.netmask[0],lwipdev.netmask[1],lwipdev.netmask[2
],lwipdev.netmask[3]);
    printf("默认网关.........................
%d.%d.%d.%d\r\n",lwipdev.gateway[0],lwipdev.gateway[1],lwipdev.gateway[2
],lwipdev.gateway[3]);
#endif
    Netif_Init_Flag=netif_add(&lwip_netif,&ipaddr,&netmask,&gw,NULL,&eth
ernetif_init,&tcpip_input);//向网卡列表中添加一个网口
    if(Netif_Init_Flag != NULL)
    //网口添加成功后，设置 netif 为默认值，并且打开 netif 网口
    {
        netif_set_default(&lwip_netif);//设置 netif 为默认网口
        netif_set_up(&lwip_netif);       //打开 netif 网口
    }

    OS_ENTER_CRITICAL();               //进入临界区
    OSTaskCreate(lwip_dm9000_input_task,(void*)0,(OS_STK*)&LWIP_DM9000_I
NPUT_TASK_STK[LWIP_DM9000_INPUT_TASK_SIZE-
1],LWIP_DM9000_INPUT_TASK_PRIO);               //以太网数据接收任务
    OS_EXIT_CRITICAL();                //退出临界区
#if LWIP_DHCP
    lwip_comm_dhcp_creat();              //创建 DHCP 任务
#endif
    return 0;                           //操作 OK
}
```

创建一个信号量 dm9000input 用于任务同步。

创建一个互斥信号量 dm9000lock。

创建一个任务，这里将网络的数据接收作为一个任务来处理，任务函数为

lwip_dm9000_input_task()，前文已经介绍过。

lwip_comm_init()函数的其他方面和无操作系统的基本相同，不同之处在于其所调用的 LwIP 内核初始化函数 tcpip_init()和 netif_add()。在无操作系统中使用 lwip_init()函数来初始化 LwIP 内核，在这里使用了 tcpip_init() 来初始化 LwIP 内核，查看 tcpip_init()函数可以看出其实在 tcpip_init()函数中是调用了 lwip_init() 的。再来看看 netif_add()函数，与前面不同的是，这里将 netif_add 函数最后一个参数改为 tcpip_input()函数。

在带操作系统的 lwip_comm.c 文件中把 DHCP 作为一个任务来处理，当 DHCP 任务执行完成后就删除这个任务。关于 DHCP 有三个函数：lwip_comm_dhcp_create、lwip_comm_dhcp_delete 和 lwip_dhcp_task。前两个函数比较好理解，用于建立和删除 DHCP 任务，lwip_dhcp_task 函数是 DHCP 的任务函数，代码如下：

```
//DHCP 处理任务
void lwip_dhcp_task(void *pdata)
{
    u32 ip=0,netmask=0,gw=0;
    dhcp_start(&lwip_netif);                    //开启 DHCP
    lwipdev.dhcpstatus=0;                       //正在 DHCP
    printf("正在查找 DHCP 服务器,请稍等..........\r\n");
    while(1)
    {
        printf("正在获取地址...\r\n");
        ip=lwip_netif.ip_addr.addr;             //读取新 IP 地址
        netmask=lwip_netif.netmask.addr;        //读取子网掩码
        gw=lwip_netif.gw.addr;                  //读取默认网关
        if(ip!=0)                               //当正确读取到 IP 地址时
        {
            lwipdev.dhcpstatus=2;    //DHCP 成功
            printf("网卡 en 的 MAC 地址为:.............
%d.%d.%d.%d.%d.%d\r\n",lwipdev.mac[0],lwipdev.mac[1],lwipdev.mac[2],lwip
dev.mac[3],lwipdev.mac[4],lwipdev.mac[5]);
            //解析出通过 DHCP 获取到的 IP 地址
            lwipdev.ip[3]=(uint8_t)(ip>>24);
            lwipdev.ip[2]=(uint8_t)(ip>>16);
            lwipdev.ip[1]=(uint8_t)(ip>>8);
            lwipdev.ip[0]=(uint8_t)(ip);
            printf("通过 DHCP 获取到 IP 地址.............
%d.%d.%d.%d\r\n",lwipdev.ip[0],lwipdev.ip[1],lwipdev.ip[2],lwipdev.ip[3]);
            //解析通过 DHCP 获取到的子网掩码地址
            lwipdev.netmask[3]=(uint8_t)(netmask>>24);
            lwipdev.netmask[2]=(uint8_t)(netmask>>16);
            lwipdev.netmask[1]=(uint8_t)(netmask>>8);
            lwipdev.netmask[0]=(uint8_t)(netmask);
            printf("通过 DHCP 获取到子网掩码............
%d.%d.%d.%d\r\n",lwipdev.netmask[0],lwipdev.netmask[1],lwipdev.netmask[2
],lwipdev.netmask[3]);
            //解析出通过 DHCP 获取到的默认网关
            lwipdev.gateway[3]=(uint8_t)(gw>>24);
            lwipdev.gateway[2]=(uint8_t)(gw>>16);
            lwipdev.gateway[1]=(uint8_t)(gw>>8);
            lwipdev.gateway[0]=(uint8_t)(gw);
```

```
            printf("通过 DHCP 获取到的默认网关.........
%d.%d.%d.%d\r\n",lwipdev.gateway[0],lwipdev.gateway[1],lwipdev.gateway[2],
lwipdev.gateway[3]);
            break;
        }else if(lwip_netif.dhcp->tries>LWIP_MAX_DHCP_TRIES)
        //通过DHCP服务获取 IP 地址失败,且超过最大尝试次数
        {
            lwipdev.dhcpstatus=0XFF;//DHCP 失败
            //使用静态 IP 地址
            IP4_ADDR(&(lwip_netif.ip_addr),lwipdev.ip[0],
lwipdev.ip[1],lwipdev.ip[2],lwipdev.ip[3]);

    IP4_ADDR(&(lwip_netif.netmask),lwipdev.netmask[0],lwipdev.netmask[1]
,lwipdev.netmask[2],lwipdev.netmask[3]);
            IP4_ADDR(&(lwip_netif.gw),lwipdev.gateway[0],
lwipdev.gateway[1],lwipdev.gateway[2],lwipdev.gateway[3]);
            printf("DHCP 服务超时,使用静态 IP 地址!\r\n");
            printf("网卡 en 的 MAC 地址为:...............
%d.%d.%d.%d.%d.%d\r\n",lwipdev.mac[0],lwipdev.mac[1],lwipdev.mac[2],lwip
dev.mac[3],lwipdev.mac[4],lwipdev.mac[5]);
            printf("静态 IP 地址.......................
%d.%d.%d.%d\r\n",lwipdev.ip[0],lwipdev.ip[1],lwipdev.ip[2],lwipdev.ip[3]
);
            printf("子网掩码.........................
%d.%d.%d.%d\r\n",lwipdev.netmask[0],lwipdev.netmask[1],lwipdev.netmask[2
],lwipdev.netmask[3]);
printf("默认网关.........................
%d.%d.%d.%d\r\n",lwipdev.gateway[0],lwipdev.gateway[1],lwipdev.gateway[2
],lwipdev.gateway[3]);
            break;
        }
        delay_ms(250);              //延时 250 ms
    }
    lwip_comm_dhcp_delete();        //删除 DHCP 任务
}
```

在这里也是通过结构体 lwipdev 的成员变量 dhcpstatus 来判断 DHCP 的处理状态。当 dhcpstatus=0 时,表示开启 DHCP;当 DHCP 完成以后让 dhcpstatus=2,表示 DHCP 成功。但是当 DHCP 重试次数大于 LWIP_MAX_DHCP_TRIES 时,意味着 DHCP 失败,这时 dhcpstatus=0XFF,表示 DHCP 失败,并且使用静态 IP 地址。注意:最后在 DHCP 任务执行完成后调用 lwip_comm_dhcp_delete()函数删除 DHCP 任务。

3. 软件设计

移植完带操作系统的 LwIP 以后就可以编写 main()函数来测试移植是否成功,main() 函数代码如下:

```
int main(void)
{
    delay_init();           //延时函数初始化
    NVIC_PriorityGroupConfig(NVIC_PriorityGroup_2);     //设置 NVIC 中断分组
2:2 位抢占优先级,2 位响应优先级
```

```
    uart_init(115200);          //串口初始化为 115200
    LED_Init();                 //LED 端口初始化
    LCD_Init();                 //初始化 LCD
    KEY_Init();                 //初始化按键
    usmart_dev.init(72);        //初始化 USMART
    FSMC_SRAM_Init();           //初始化外部 SRAM
    my_mem_init(SRAMIN);        //初始化内部内存池
    my_mem_init(SRAMEX);        //初始化外部内存池
    POINT_COLOR = RED;
    LCD_ShowString(30,30,200,16,16,"WARSHIP STM32F103");
    LCD_ShowString(30,50,200,16,16,"LWIP+UCOS Test");
    LCD_ShowString(30,70,200,16,16,"ATOM@ALIENTEK");
    LCD_ShowString(30,90,200,20,16,"2015/3/21");
    POINT_COLOR = BLUE;         //蓝色字体

    OSInit();                   //μC/OS Ⅱ初始化
    while(lwip_comm_init())  //LwIP 初始化
    {
        LCD_ShowString(30,110,200,20,16,"Lwip Init failed!");
        //LwIP 初始化失败
        delay_ms(500);
        LCD_Fill(30,110,230,150,WHITE);
        delay_ms(500);
    }
    LCD_ShowString(30,110,200,20,16,"Lwip Init Success!");   //LwIP 初始化成功
    OSTaskCreate(start_task,(void*)0,(OS_STK*)&START_TASK_STK[START_STK_
SIZE-1],START_TASK_PRIO);
    OSStart();  //开启 μC/OS
}
```

在主函数中首先完成外设的初始化，然后初始化 μC/OS，调用 lwip_comm_init()函数完成 LwIP 的初始化，最后创建开始任务 start_task。在 start_task 任务中如果使用 DHCP 就创建 DHCP 任务，在 start_task 任务中还创建了 led_task 和 display_task 这两个任务。start_task 任务代码如下：

```
//start 任务
void start_task(void *pdata)
{
    OS_CPU_SR cpu_sr;
    pdata = pdata ;

    OSStatInit();                   //初始化统计任务
    OS_ENTER_CRITICAL();            //关中断
    OSTaskCreate(led_task,(void*)0,(OS_STK*)&LED_TASK_STK[LED_STK_SIZE-
1],LED_TASK_PRIO);                  //创建 LED 任务
    OSTaskCreate(display_task,(void*)0,(OS_STK*)&DISPLAY_TASK_STK[DISPLA
Y_STK_SIZE-1],DISPLAY_TASK_PRIO);   //显示任务
    OSTaskSuspend(OS_PRIO_SELF);    //挂起 start_task 任务
    OS_EXIT_CRITICAL();             //开中断
}
```

start_task()任务很简单，创建了两个任务，即 led_task 任务和 display_task 任务。

4. 下载验证

在代码编译成功之后，下载代码到 STM32F103 战舰开发板上，此时开启 DHCP，大家也可以自行尝试一下关闭 DHCP 使用静态 IP 地址，下载完成后 LCD 显示界面如图 6.29 所示，此时串口调试助手上输出信息如图 6.30 所示。

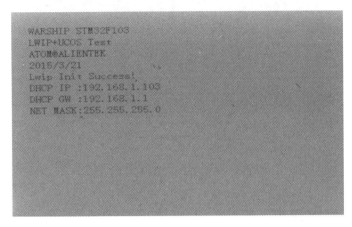

图 6.29　LCD 显示界面

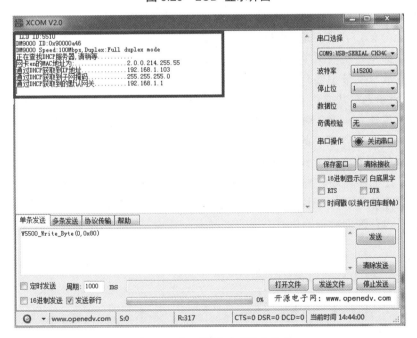

图 6.30　串口调试助手输出信息

可以看到，此时通过路由器的 DHCP 分配到的 IP 地址为 192.168.1.103，默认网关为 192.168.1.1，子网掩码为 255.255.255.0。在计算机上 ping 开发板的 IP 地址，结果如图 6.31 所示。

図 6.31 ping 测试

6.3 LwIP 开发基础

6.3.1 LwIP 内存管理

内存管理是指软件运行时对 MCU 内存资源的分配和使用的技术。其最主要的目的是高效、快速地分配，并且在适当的时候释放和回收内存资源。内存管理的实现方法有很多种，它们最终都是要实现两个函数，即 malloc 和 free。malloc 函数用于内存申请，free 函数用于内存释放。本节主要介绍分块式内存管理的释放原理。

图 6.32 所示为分块式内存管理框图。分块式内存管理由内存池和内存管理表两部分组成。内存池被等分为 n 块，对应的内存管理表大小也为 n，内存管理表的每一个项对应内存池的一块内存。内存管理表的项值代表的意义：当该项值为零时，代表对应的内存块未被占用，当该项值为非零时，代表该项对应的内存块已经被占用，其数值则代表被连续占用的内存块数。比如，某项值为 10，说明包括本项对应的内存块在内，总共分配了 10 个内存块给外部的某个指针。一般内存分配方向是从顶到底的分配方向，即首先从最末端开始寻找空内存。当内存管理刚初始化时，内存管理表全部清零，表示没有任何内存块被占用。

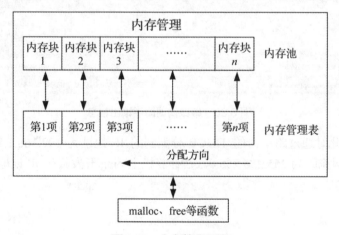

图 6.32 内存管理框图

分块式内存管理分配原理：当指针 *p* 调用 malloc 申请内存时，先判断 *p* 要分配的内存块数(*m*)，然后从第 *n* 项开始向下查找，直至找到 *m* 块连续的空内存块(即对应内存管理表项为 0)，然后将 *m* 个内存管理表项的值都设置为 *m*(标记被占用)，最后把这个空内存块的地址返回指针 *p*，完成一次分配。注意，当内存不够时(找到最后也没找到连续的 *m* 块空闲内存)，则返回 NULL 给 *p*，表示分配失败。

分块式内存管理释放原理：当指针 *p* 申请的内存用完，需要释放时，调用 free 函数实现。free 函数先判断 *p* 指向的内存地址所对应的内存块，然后找到对应的内存管理表项目，得到 *p* 所占用的内存块数目 *m*(内存管理表项目的值就是所分配内存块的数目)，将这 *m* 个内存管理表项目的值都清零，标记释放，完成一次内存释放。

战舰 V3 开发板外扩了 SRAM，所以有两片内存区域，MEM1 表示内部内存池(64 KB)，MEM2 表示外扩内存池(1024 KB)。下面以战舰板为例介绍内存管理使用过程。

1. 定义内存管理控制结构体

```
//内存管理控制器
struct _m_malloc_dev
{
    void (*init)(u8);           //初始化
    u8 (*perused)(u8);          //内存使用率
    u8 *membase[SRAMBANK];      //内存池管理 SRAMBANK 个区域的内存
    u16 *memmap[SRAMBANK];      //内存管理状态表
    u8  memrdy[SRAMBANK];       //内存管理是否就绪
};
```

extern struct _m_malloc_dev 在 mallco.c 里面定义。init，函数指针，指向内存初始化函数，用于初始化内存管理，带一个参数(Mini 板不带)，表示要初始化的内存片。perused，函数指针，指向内存使用率函数，用于获取内存使用率，带一个参数(Mini 板不带)，表示要获取内存使用率的内存片。membase，内存池指针，指向内存池，最多有 SRAMBANK 个内存池(Mini 板仅一个)。memmap，内存管理表指针，指向内存管理表，最多有 SRAMBANK 个内存管理表(Mini 板仅一个)。该指针为 16 位类型，因此，最大可以分配 65535*内存块这么大的内存区域。假定内存块大小为 32 B，那么一次性最大可以申请的内存就是 2～32 B。memrdy，内存管理表就绪标志，用于表示内存管理表是否已经初始化(清零)，最多有 SRAMBANK 个内存管理表就绪标志(Mini 板仅一个)。

2. 内存管理宏定义

```
22  //定义两个内存池
23  #define SRAMIN    0         //内部内存池
24  #define SRAMEX    1         //外部内存池
25
26  #define SRAMBANK  2         //定义支持的SRAM块数.
27
28
29  //mem1内存参数设定.mem1完全处于内部SRAM里面.
30  #define MEM1_BLOCK_SIZE         32                          //内存块大小为32B
31  #define MEM1_MAX_SIZE           40*1024                     //最大管理内存 40KB
32  #define MEM1_ALLOC_TABLE_SIZE   MEM1_MAX_SIZE/MEM1_BLOCK_SIZE  //内存表大小
33
34  //mem2内存参数设定.mem2的内存池处于外部SRAM里面
35  #define MEM2_BLOCK_SIZE         32                          //内存块大小为32B
36  #define MEM2_MAX_SIZE           960 *1024                   //最大管理内存960KB
37  #define MEM2_ALLOC_TABLE_SIZE   MEM2_MAX_SIZE/MEM2_BLOCK_SIZE  //内存表大小
```

战舰 V3 开发板外扩了 SRAM，所以有两片内存区域，MEM1 表示内部内存池

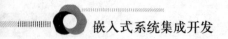

(64 KB)，MEM2 表示外扩内存池(1024 KB)。

3．内存管理数组参数

```
16  //内存池(32字节对齐)
17  __align(32) u8 mem1base[MEM1_MAX_SIZE];                                              //内部SRAM内存池
18  __align(32) u8 mem2base[MEM2_MAX_SIZE] __attribute__((at(0X68000000)));              //外部SRAM内存池
19  //内存管理表
20  u16 mem1mapbase[MEM1_ALLOC_TABLE_SIZE];                                              //内部SRAM内存池MAP
21  u16 mem2mapbase[MEM2_ALLOC_TABLE_SIZE] __attribute__((at(0X68000000+MEM2_MAX_SIZE)));//外部SRAM内存池MAP
22  //内存管理参数
23  const u32 memtblsize[SRAMBANK]={MEM1_ALLOC_TABLE_SIZE,MEM2_ALLOC_TABLE_SIZE};        //内存表大小
24  const u32 memblksize[SRAMBANK]={MEM1_BLOCK_SIZE,MEM2_BLOCK_SIZE};                    //内存分块大小
25  const u32 memsize[SRAMBANK]={MEM1_MAX_SIZE,MEM2_MAX_SIZE};                           //内存总大小
```

① mem1base：内部内存池。u8 类型，32 B 对齐。

② mem2base：外部内存池。u8 类型，32 B 对齐。

③ mem1mapbase：内部内存管理表。u16 类型。

④ mem2mapbase：外部内存管理表。u16 类型。

⑤ memtblsize：内存表大小。

⑥ memblksize：内存分块大小。

⑦ memsize：内存总大小。

4．内存管理函数

① my_mem_init 函数：自定义内存初始化函数，根据指定的参数初始化内存。

② my_mem_perused 函数：内存使用率函数，用于获取内存使用率。

③ mymalloc 函数：自定义内存分配函数。

④ myfree 函数：自定义内存释放函数。

LwIP 内存管理实质上就相当于 LwIP 这部分程序的内存分配、释放、占用率获取等的管理与操作。

6.3.2　LwIP 数据包管理

LwIP 协议栈使用 pbuf 结构体来描述协议栈使用中的数据包，pbuf 结构体在 pbuf.h 中有定义，个别字段定义如下。

① next：指向下一个 pbuf 结构体，每个 pbuf 能存放的数据有限，如果应用有大量数据，就需要多个 pbuf 来存放，将同一个数据包的 pbuf 连接在一起形成一个链表，那么 next 字段就是实现这个链表的关键。

② payload：指向该 pbuf 的数据存储区的首地址，STM32F407 内部网络模块接收到数据，并将数据提交给 LwIP 时，就是将数据存储在 payload 指定的存储区中。同样，在发送数据时将 payload 所指向的存储区数据转给 STM32F407 的网络模块去发送。

③ tot_len：在接收或发送数据时数据会存放在 pbuf 链表中，tot_len 字段就表示当前 pbuf 和链表中以后所有 pbuf 总的数据长度。

④ len：当前 pbuf 总数据的长度。

⑤ type：当前 pbuf 类型，共有 4 种，即 PBUF_RAM、PBUF_ROM、PBUF_REF 和 PBUF_POOL。

⑥ flag：保留位。

⑦ ref：该 pbuf 被引用的次数，当还有其他指针指向 pbuf 时，ref 字段就加一。

PBUF_RAM 类型的 pbuf 是通过内存堆分配得到的，PBUF_RAM 类型的 pbuf 如图 6.33 所示。从图 6.33 中可以看出，payload 并未指向数据区的起始地址，而是隔了一段区域，这段区域就是 offset，里面通常存放 TCP 报文首部、IP 首部、以太网帧首部等。

PBUF_POOL 类型的 pbuf，PBUF_POOL 是通过内存池分配得到的，PBUF_POOL 类型的 pbuf 如图 6.34 所示。从图 6.34 中可以看出，pbuf 链表的第一个 pbuf 的 payload 未指向数据区的起始位置，原因同 PBUF_RAM 一样，用来存放一些首部的，pbuf 链表后面的 pbuf 结构体中 payload 字段就指向了数据区的起始位置。

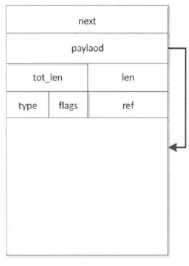

图 6.33　PBUF RAM 类型 pbuf

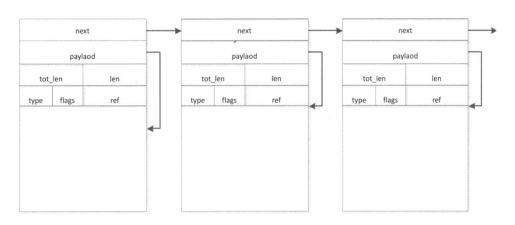

图 6.34　PBUF_POOL 类型的 pbuf

6.3.3　LwIP 网络接口管理

在 LwIP 中对于网络接口的描述是通过一个 netif 结构体完成的，netif 结构体在 netif.h 文件中有定义。下面是一些比较重要字段的含义，具体的 netif 结构体定义可查阅 netif.h 文件。

① next：该字段指向下一个 netif 类型的结构体，因为 LwIP 可以支持多个网络接口。当设备有多个网络接口时，LwIP 就会把所有的 netif 结构体组成链表来管理这些网络接口。

② ipaddr、netmask 和 gw 分别为网络接口的 IP 地址、子网掩码和默认网关。

③ input：此字段为一个函数，这个函数将网卡接收到的数据交给 IP 层。

④ output：此字段为一个函数，当 IP 层向接口发送数据包时调用此函数。这个函数通常首先解析硬件地址，然后发送数据包。此字段一般使用 etharp.c 中的 etharp_output() 函数。

⑤ linkoutput：此字段为一个函数，该函数被 ARP 模块调用，完成网络数据的发送。上面所说的 etharp_output 函数将 IP 数据包封装成以太网数据帧以后就会调用 linkoutput 函数将数据发送出去。

⑥ state：用来定义一些关于接口的信息，用户可以自行设置。

⑦ mtu：网络接口所能传输的最长数据长度，一般设置为 1500。

⑧ hwaddr_len 和 hwaddr 表示网络接口物理地址长度和具体的地址信息。

⑨ flags：表示网络接口的状态和属性等信息，是很重要的字段，包括网卡功能使能、广播使能以及 ARP 使能等。

⑩ name：网络接口的名字。

⑪ num：网络接口的编号。

以上只列出了 netif 结构体中几个比较重要的字段，对于网络接口的初始化就是给这些字段赋值。

对于网络接口的初始化，就是对 netif 结构体中各个字段的赋值。

6.3.4 TCP 协议基础

TCP/IP 中文名为传输控制协议/Internet 互联协议，又名网络通信协议，是 Internet 最基本的协议、Internet 国际互联网络的基础，由网络层的 IP 协议和传输层的 TCP 协议组成。TCP/IP 定义了电子设备如何连入 Internet，以及数据如何在它们之间传输的标准。协议采用了 4 层的层级结构，每一层都呼叫它的下一层所提供的协议来完成自己的需求。通俗而言，TCP 负责发现传输的问题，一有问题就发出信号，要求重新传输，直到所有数据安全正确地传输到目的地。而 IP 是给 Internet 的每一台联网设备规定一个地址。

TCP/IP 协议不是 TCP 和 IP 这两个协议的合称，而是指 Internet 整个 TCP/IP 协议族。从协议分层模型方面来讲，TCP/IP 由 4 个层次组成，即网络接口层、网络层、传输层、应用层。OSI 是传统的开放式系统互联参考模型，该模型将 TCP/IP 分为 7 层，即物理层、数据链路层(网络接口层)、网络层(网络层)、传输层(传输层)、会话层、表示层和应用层(应用层)。TCP/IP 模型与 OSI 模型对比如表 6.4 所示。

表 6.4 TCP/IP 模型与 OSI 模型对比

编　号	OSI 模型	TCP/IP 模型
1	应用层	应用层
2	表示层	
3	会话层	
4	传输层	传输层
5	网络层	网联层
6	数据链路层	网络接口层
7	物理层	

LwIP 实验中 DM9000 相当于 PHY+MAC 层，而 LwIP 提供的就是网络层、传输层的功能，应用层需要用户自己根据想要的功能去实现。

有关 TCP/IP 协议更详细的说明请查阅 TCP/IP 手册。

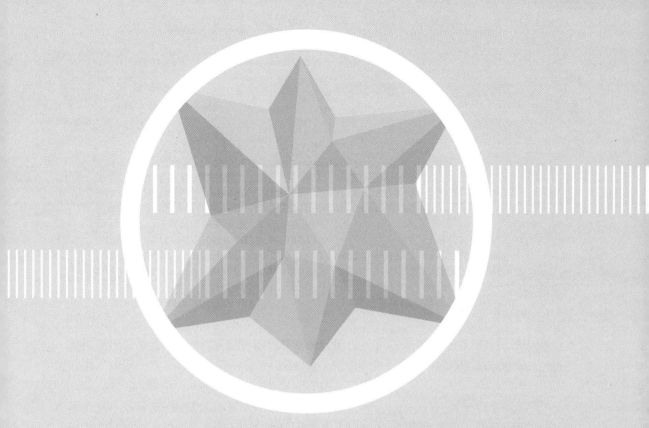

第3篇

实战篇

　　本篇将向大家介绍μC/OSⅡ在 STM32 开发板上的简单实验程序和综合实验的开发过程。通过本篇的学习，让大家真正掌握在 STM32 上开发基于操作系统应用程序的能力。

　　通过前面章节的学习，大家已经了解了基于嵌入式 STM32 的操作系统原理和μC/OSⅡ的相关概念。下面将从μC/OS 基础实验和综合实验的设计进行详细介绍。

第7章 基础实验

本章学习目标

1. 掌握应用μC/OSⅡ操作系统中的任务控制块。
2. 掌握使用多任务权限进行控制分配并完成操作。
3. 掌握μC/OSⅡ多层操作时钟的基础应用部署等。
4. 掌握使用 STemWin 高级图片功能,尤其是图标效果的实施。
5. 掌握使用基于 LwIP 和μC/OSⅡ操作系统板级支持包级别的网络通信驱动部署。
6. 培养对基础实验的实施与验证能力。

7.1 μC/OSⅡ多任务设计实验

多任务操作系统最主要的作用就是对任务的管理,包括任务的创建、挂起、删除和调度等,因此对μC/OSⅡ操作系统中任务管理的理解就显得尤为重要。

7.1.1 μC/OSⅡ启动和初始化

在使用μC/OSⅡ时要按照一定的顺序初始化并打开 μC/OSⅡ,可以按照下面的步骤进行。

(1) 要调用 OSInit()初始化 μC/OSⅡ。

(2) 创建任务。一般在 main()函数中只创建一个 start_task 任务,其他任务都在 start_task 任务中创建,在调用 OSTaskCreate()函数创建任务时一定要调用 OS_CRITICAL_ENTER()函数进入临界区,任务创建完以后调用 OS_CRITICAL_EXIT()函数退出临界区。

(3) 调用 OSStart()函数开启μC/OSⅡ。

打开"μC/OSⅡ移植"实验工程的 main()函数,代码如下:

```
int main(void)
{
OS_ERR err;
CPU_SR_ALLOC();
delay_init(168);                                    //时钟初始化
NVIC_PriorityGroupConfig(NVIC_PriorityGroup_2);     //中断分组配置
uart_init(115200);                                  //串口初始化
LED_Init();                                         //LED 初始化
OSInit(&err);                                       //初始化μC/OSⅡ
OS_CRITICAL_ENTER();                                //进入临界区
//创建开始任务
OSTaskCreate((OS_TCB* )&StartTaskTCB,               //任务控制块
(CPU_CHAR* )"start task",                           //任务名字
(OS_TASK_PTR )start_task,                           //任务函数
```

```
(void*)0,                                          //传递给任务函数的参数
(OS_PRIO )START_TASK_PRIO,                          //任务优先级
(CPU_STK* )&START_TASK_STK[0],                      //任务堆栈基地址
(CPU_STK_SIZE )START_STK_SIZE/10,                   //任务堆栈深度限位
(CPU_STK_SIZE )START_STK_SIZE,                      //任务堆栈大小
(OS_MSG_QTY )0,        //任务内部消息队列能够接收的最大消息数目, 为 0 时禁止接收消息
(OS_TICK )0,      //当使能时间片轮转时的时间片长度, 为 0 时为默认长度
(void* )0,                                          //用户补充的存储区
(OS_OPT )OS_OPT_TASK_STK_CHK|OS_OPT_TASK_STK_CLR,
(OS_ERR* )&err);                                    //存放该函数错误时的返回值
OS_CRITICAL_EXIT();                                 //退出临界区
OSStart(&err); //开启μC/OS II
while(1);
}
```

可以看出上面代码就是按照前面提到的步骤来使用 μC/OS II，首先是 OSInit()初始化μC/OS II，然后创建一个 start_task()任务，最后调用 OSStart()函数开启 μC/OS II。

注意：在调用 OSStart()开启μC/OS II 之前一定要至少创建一个任务，其实在调用OSInit()函数初始化μC/OS II 时已经创建了一个空闲任务。

7.1.2 任务状态

μC/OS II 支持的是单核 CPU，不支持多核 CPU，这样在某一时刻只有一个任务会获得 CPU 使用权进入运行状态，其他任务就会进入其他状态。μC/OS II 中的任务有多个状态，如表 7.1 所示。

表 7.1 μC/OS II 中的任务状态

任务状态	描 述
休眠态	休眠态就是任务只是以任务函数的方式存在，是存储区中的一段代码，并未用OSTaskCreate()函数创建这个任务，不受μC/OS II 的管理
就绪态	任务在就绪表中已经登记，等待获取 CPU 使用权
运行态	正在运行的任务就处于运行状态
等待态	正在运行的任务需要等待某一个事件，如信号量、消息、事件标志组等，就会暂时让出 CPU 使用权，进入等待事件状态
中断服务态	一个正在执行的任务被中断，CPU 转而执行中断服务程序，此时这个任务就会被挂起，进入中断服务状态

在 μC/OS II 中，任务可以在这 5 个状态中转换，转换关系如图 7.1 所示。

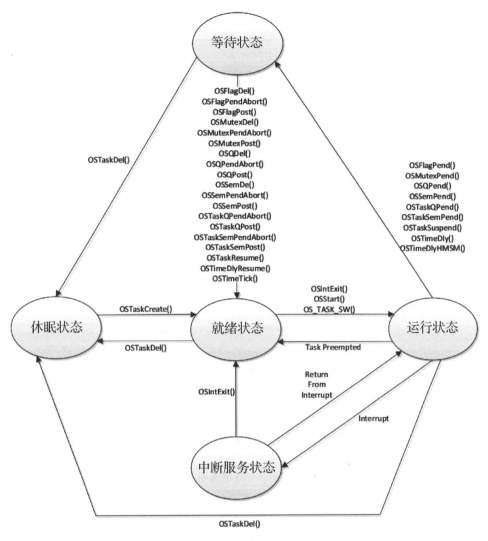

图 7.1   μC/OS II 任务状态转换图

7.1.3   任务控制块

在学习μC/OS II 时知道有个重要的数据结构，即任务控制块 OS_TCB，在μC/OS II 中也有任务控制块 OS_TCB。任务控制块 TCB 用来保存任务的信息，使用 OSTaskCreate()函数创建任务时就会给任务分配一个任务控制块。任务控制块是一个结构体，这个结构体代码如下(这里取掉了条件编译语句)：

```
struct os_tcb {
CPU_STK    *StkPtr;              //指向当前任务堆栈的栈顶
void    *ExtPtr;                 //指向用户可定义的数据区
CPU_STK    *StkLimitPtr;         //可指向任务堆栈中的某个位置
OS_TCB *NextPtr;         //NexPtr 和 PrevPtr 用于在任务就绪表建立双向链表
OS_TCB *PrevPtr;
OS_TCB *TickNextPtr;     // TickNextPtr 和 TickPrevPtr 可把正在延时或在指定时
```

```
    OS_TCB    *TickPrevPtr;          //间内等待某个事件的任务的 OS_TCB 构成双向链表
    OS_TICK_SPOKE *TickSpokePtr;     //通过该指针可知道该任务在时钟节拍轮的哪个
                                     //spoke 上
    CPU_CHAR    *NamePtr;            //任务名
    CPU_STK    *StkBasePtr;          //任务堆栈基地址
    OS_TASK_PTR TaskEntryAddr;       //任务代码入口地址
    void *TaskEntryArg;              //传递给任务的参数
    OS_PEND_DATA *PendDataTblPtr;    //指向一个表，包含有任务等待的所有事件对象的信息
    OS_STATE PendOn;                 //任务正在等待的事件类型
    OS_STATUS PendStatus;            //任务等待的结果
    OS_STATE TaskState;              //任务的当前状态
    OS_PRIO Prio;                    //任务优先级
    CPU_STK_SIZE StkSize;            //任务堆栈大小
    OS_OPT Opt;                      //保存调用 OSTaskCreat()创建任务时的可选参数 options 的值
    OS_OBJ_QTY PendDataTblEntries;   //任务同时等待的事件对象的数目
    CPU_TS TS;                       //存储事件发生时的时间戳
    OS_SEM_CTR SemCtr;               //任务内建的计数型信号量的计数值
    OS_TICK TickCtrPrev;             //存储 OSTickCtr 之前的数值
    OS_TICK TickCtrMatch;            //任务等待延时结束时，如果 TickCtrMatch 和
                                     //OSTickCtr 的数值相匹配，任务延时结束
    OS_TICK TickRemain;              //任务还要等待延时的节拍数
    OS_TICK TimeQuanta;              // TimeQuanta 和 TimeQuantaCtr 与时间片有关
    OS_TICK TimeQuantaCtr;
    void *MsgPtr;                    //指向任务接收到的消息
    OS_MSG_SIZE MsgSize;             //任务接收到消息的长度
    OS_MSG_Q MsgQ;  //μC/OSⅡ允许任务或 ISR 向任务直接发送消息，MsgQ 就为这个消息队列
    CPU_TS MsgQPendTime;             //记录一条消息到达所花费的时间
    CPU_TS MsgQPendTimeMax;          //记录一条消息到达所花费的最长时间
    OS_REG RegTbl[OS_CFG_TASK_REG_TBL_SIZE]; //寄存器表，和 CPU 寄存器不同
    OS_FLAGS FlagsPend;              //任务正在等待的事件的标志位
    OS_FLAGS FlagsRdy;               //任务在等待的事件标志中有哪些已经就绪
    OS_OPT FlagsOpt;                 //任务等待事件标志组时的等待类型
    OS_NESTING_CTR SuspendCtr;       //任务被挂起的次数
    OS_CPU_USAGE CPUUsage;           //CPU 使用率
    OS_CPU_USAGE CPUUsageMax;        //CPU 使用率峰值
    OS_CTX_SW_CTR CtxSwCtr;          //任务执行的频繁程度
    CPU_TS CyclesDelta;              //该成员被调试器或运行监视器利用
    CPU_TS CyclesStart;              //任务已经占用 CPU 多长时间
    OS_CYCLES CyclesTotal;           //表示一个任务总的执行时间
    OS_CYCLES CyclesTotalPrev;
    CPU_TS SemPendTime;              //记录信号量发送所花费的时间
    CPU_TS SemPendTimeMax;           //记录信号量发送到一个任务所花费的最长时间
    CPU_STK_SIZE StkUsed;            //任务堆栈使用量
    CPU_STK_SIZE StkFree;            //任务堆栈剩余量
    CPU_TS IntDisTimeMax;            //该成员记录任务的最大中断关闭时间
```

```
CPU_TS SchedLockTimeMax;        //该成员记录锁定调度器的最长时间
OS_TCB *DbgPrevPtr;             //下面 3 个成语变量用于调试
OS_TCB *DbgNextPtr;
CPU_CHAR *DbgNamePtr;
};
```

从上面的 os_tcb 结构体中可以看出，μC/OS Ⅱ 的任务控制块要比μC/OS Ⅱ的复杂得多，这也间接地说明了μC/OS Ⅱ要比μC/OS Ⅱ的功能强大得多。

7.1.4　任务堆栈

在μC/OS Ⅱ中任务堆栈是一个非常重要的概念，任务堆栈用来在切换任务和调用其他函数时保存现场，因此每个任务都应该有自己的堆栈。可以按照下面的步骤创建堆栈。

(1) 定义一个 CPU_STK 变量，在μC/OS Ⅱ 中用 CPU_STK 数据类型来定义任务堆栈，CPU_STK 在 cpu.h 文件中有定义，其实 CPU_STK 就是 CPU_INT32U，可以看出，一个 CPU_STK 变量为 4K，因此任务的实际堆栈大小应该为定义的 4 倍。下面的代码就定义了一个任务堆栈 TASK_STK，堆栈大小为 64×4=256 B。

```
CPU_STK TASK_STK[64]; //定义任务堆栈
```

可以使用下面的方法定义一个堆栈，这样代码比较清晰，所有例程都使用下面的方法定义堆栈：

```
#define    TASK_STK_SIZE        64        //任务堆栈大小
CPU_STK    TASK_STK[LED1_STK_SIZE];       //任务堆栈
```

(2) 使用 OSTaskCreate()函数创建任务时就可以把创建的堆栈传递给任务，如下所示将创建的堆栈传递给任务，将堆栈的基地址传递给 OSTaskCreate() 函数的参数 p_stk_base，将堆栈深度传递给参数 stk_limit，堆栈深度通常为堆栈大小的 1/10，主要用来检测堆栈是否为空，将堆栈大小传递给参数 stk_size。

```
OSTaskCreate((OS_TCB* )&StartTaskTCB,  //任务控制块
(CPU_CHAR* )"start task",              //任务名字
(OS_TASK_PTR )start_task,              //任务函数
(void* )0,                             //传递给任务函数的参数
(OS_PRIO)START_TASK_PRIO,              //任务优先级
(CPU_STK* )&TASK_STK[0],               //任务堆栈基地址
(CPU_STK_SIZE )TASK_STK_SIZE/10,       //任务堆栈深度限位
(CPU_STK_SIZE )TASK_STK_SIZE,          //任务堆栈大小
(OS_MSG_QTY )0,
(OS_TICK)0,
(void*)0,
(OS_OPT )OS_OPT_TASK_STK_CHK|OS_OPT_TASK_STK_CLR,
(OS_ERR* )&err);                       //存放该函数错误时的返回值
```

创建任务时会初始化任务的堆栈，需要提前将 CPU 的寄存器保存在任务堆栈中，完成这个任务的是 OSTaskStkInit()函数。这个函数大家应该非常熟悉，在移植μC/OS Ⅱ时专门介绍过这个函数，用户不能调用这个函数，这个函数是被 OSTaskCreate()函数在创建任务时调用的。

7.1.5 任务就绪表

μC/OSⅡ 中将已经就绪的任务放到任务就绪表里，任务就绪表有两部分，即优先级位映射表 OSPrioTbl[]和就绪任务列表 OSRdyList[]。

1. 优先级位映射表

当某个任务就绪以后就会将优先级位映射表中相对应的位置 1，优先级位映射表如图 7.2 所示，该表元素的位宽度可以为 8 位、16 位或 32 位，根据 CPU_DATA(见 cpu.h 文件)的不同而不同。在 STM32F407 中定义 CPU_DATA 为 CPU_INT32U 类型，即 32 位宽。μC/OSⅡ中任务数目由宏 OS_CFG_PRIO_MAX 配置(见 os_cfg.h)。

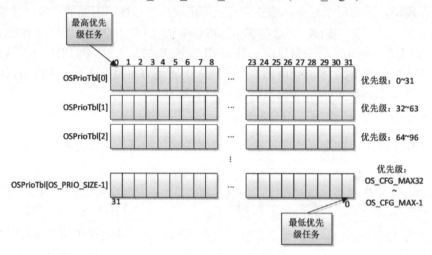

图 7.2 优先级位映射表

在图 7.2 中，从左到右优先级逐渐降低，但是每个 OSPrioTbl[]数组的元素最低位在右边，最高位在左边，如 OSPrioTbl[0]的 bit31 为最高优先级 0，bit0 的优先级为 31。这么做主要是为了支持一条特殊的指令"计算前导零(CLZ)"，使用这条指令可以快速找到最高优先级任务。

有关优先级的操作有 3 个函数，即 OS_PrioGetHighest()、OS_PrioInsert()和 OS_PrioRemove()，分别为获取就绪表中最高优先级任务、将某个任务在就绪表中相对应的位置 1 和将某个任务在就绪表中相对应的位置清零。OS_PrioGetHighest()函数代码如下：

```
OS_PRIO OS_PrioGetHighest (void)
{
CPU_DATA *p_tbl;
OS_PRIO prio;
prio = (OS_PRIO)0;
p_tbl = &OSPrioTbl[0]; //从 OSPrioTbl[0]开始扫描映射表，直至遇到非零项
while (*p_tbl == (CPU_DATA)0) {
//当数组 OSPrioTbl[]中的某个元素为 0 时，就继续扫描下一个数组元素，prio 加
//DEF_INT_CPU_NBR_BITS 位，根据 CPU_DATA 长度的不同
//DEF_INT_CPU_NBR_BITS 值不同，定义 CPU_DATA 为 32 位，那么
//DEF_INT_CPU_NBR_BITS 就为 32，prio 就加 32
```

```
prio += DEF_INT_CPU_NBR_BITS;
p_tbl++;              //p_tbl 加 1，继续寻找 OSPrioTbl[]数组的下一个元素
}
//一旦找到一个非零项，再加上该项的前导零数量就找到了最高优先级任务了
prio += (OS_PRIO)CPU_CntLeadZeros(*p_tbl);
return (prio);
}
```

从 OS_PrioGetHighest()函数可以看出，计算前导零使用了 CPU_CntLeadZeros()函数，这个函数是用汇编语言编写的。在 cpu_a.asm 文件中，代码如下：

```
CPU_CntLeadZeros
CLZ R0, R0; 计算前导零
BX LR
```

OS_PrioInsert()函数和 OS_PrioRemove()函数分别为将指定优先级任务相对应的优先级映射表中的位置 1 和清零，这两个函数代码如下：

```
void OS_PrioInsert (OS_PRIO prio)
{
CPU_DATA bit;
CPU_DATA bit_nbr;
OS_PRIO ix;
ix = prio / DEF_INT_CPU_NBR_BITS;
bit_nbr = (CPU_DATA)prio & (DEF_INT_CPU_NBR_BITS - 1u);
bit = 1u;
bit <<= (DEF_INT_CPU_NBR_BITS - 1u) - bit_nbr;
OSPrioTbl[ix] |= bit;
}

//将参数 prio 相对应的优先级映射表中的位置清零
void OS_PrioRemove (OS_PRIO prio)
{
CPU_DATA bit;
CPU_DATA bit_nbr;
OS_PRIO ix;
ix = prio / DEF_INT_CPU_NBR_BITS;
bit_nbr = (CPU_DATA)prio & (DEF_INT_CPU_NBR_BITS - 1u);
bit = 1u;
bit<<= (DEF_INT_CPU_NBR_BITS - 1u) - bit_nbr;
OSPrioTbl[ix] &= ~bit;
}
```

2. 就绪任务列表

前文详细介绍了优先级位映射表 OSPrioTbl[]，这个表主要是用来标记哪些任务就绪了，这里要讲的就绪任务列表 OSRdyList[]是用来记录每一个优先级下所有就绪的任务，OSRdyList[]在 os.h 文件中有定义，数组元素的类型为 OS_RDY_LIST，OS_RDY_LIST 为一个结构体，结构体定义如下：

```
struct os_rdy_list {
OS_TCB *HeadPtr;          //用于创建链表，指向链表头
OS_TCB *TailPtr;          //用于创建链表，指向链表尾
```

```
OS_OBJ_QTY NbrEntries;  //此优先级下的任务数量
};
```

μC/OS II 支持时间片轮转调度，因此在一个优先级下会有多个任务，那么就要对这些任务做一个管理，这里使用 OSRdyList[]数组管理这些任务。OSRdyList[]数组中的每个元素对应一个优先级，如 OSRdyList[0]用来管理优先级 0 下的所有任务。OSRdyList[0]为 OS_RDY_LIST 类型，从上面 OS_RDY_LIST 结构体可以看到成员变量：HeadPtr 和 TailPtr 分别指向 OS_TCB，因为 OS_TCB 是可以用来构造链表的，所以同一个优先级下的所有任务是通过链表来管理的，HeadPtr 和 TailPtr 分别指向这个链表的头和尾，NbrEntries 用来记录此优先级下的任务数量。图 7.3 为优先级 4 下面有 3 个任务时的就绪任务列表。

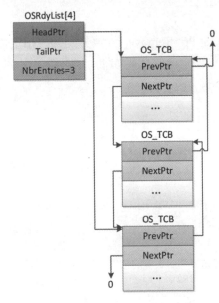

图 7.3 优先级 4 就绪任务列表

图 7.3 为在优先级 4 下面有 3 个任务，这 3 个任务组成一个链表。OSRdyList[4]的 HeadPtr 指向链表头，TailPtr 指向链表尾，NbrEntries 为 3，表示一共有 3 个任务。注意：有些优先级只能有一个任务。比如，μC/OS II 自带的 5 个系统任务，即空闲任务 OS_IdleTask()、时钟节拍任务 OS_TickTask()、统计任务 OS_StatTask、定时任务 OS_TmrTask()和中断服务管理任务 OS_IntQTask()。

针对任务就绪列表的操作有 6 个函数，如表 7.2 所示，这 6 个函数不仅都在 os_core.c 文件中，而且是供μC/OS II 内部使用的，用户程序不能使用。

表 7.2 函数及对应的描述

函　　数	描　　述
OS_RdyListInit()	由 OSInit()调用用来初始化并清空任务就绪列表
OS_RdyListInsertHead()	向某一优先级下的任务双向链表头部添加一个任务控制块 TCB
OS_RdyListInsertTail()	向某一优先级下的任务双向链表尾部添加一个任务控制块 TCB
OS_RdyListRemove()	将任务控制块 TCB 从任务就绪列表中删除

续表

函　数	描　述
OS_RdyListInsertTail()	将一个任务控制块 TCB 从双向链表的头部移到尾部
OS_RdyListInsert()	在就绪列表中添加一个任务控制块 TCB

7.1.6　任务调度和切换

任务调度和切换就是让就绪列表中优先级最高的任务获得 CPU 的使用权,μC/OS Ⅱ 是可剥夺型、抢占式的,可以抢了低优先级任务的 CPU 使用权,任务的调度是由任务调度器来完成的。任务调度器有两种:一种是任务级调度器,一种是中断级调度器。

任务级调度器为 OSSched(),OSSched()函数代码在 os_core.c 文件中。

在中断级调度器中真正完成任务切换的就是中断级任务切换函数 OSIntCtxSW(),与任务级切换函数 OSCtxSW()不同的是,由于进入中断时现场已经保存过了,所以 SIntCtxSW()不需要像 OSCtxSW()一样先保存当前任务现场,只需要做 OSCtxSW()的后半部分工作,也就是从将要执行的任务堆栈中恢复 CPU 寄存器的值。

前文多次提到μC/OS Ⅱ支持多个任务同时拥有一个优先级,要使用这个功能需要定义 OS_CFG_SCHED_ROUND_ROBIN_EN 为 1。在μC/OS Ⅱ中允许一个任务运行一段时间(时间片)后让出 CPU 的使用权,让拥有同优先级的下一个任务运行,这种任务调度方法就是时间片轮转调度。图 7.4 为运行在同一优先级下的执行时间图,在优先级 N 下有 3 个就绪的任务,将时间片划分为 4 个时钟节拍。

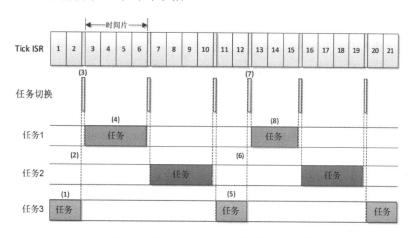

图 7.4　运行在同一优先级下的执行时间

(1) 当任务 3 正在运行时,一个时钟节拍中断发生,但是任务 3 的时间片还没完成。

(2) 任务 3 的时间片用完。

(3) μC/OS Ⅱ切换到任务 1,任务 1 是优先级 N 下的下一个就绪任务。

(4) 任务 1 连续运行至时间片用完。

(5) 任务 3 运行。

(6) 任务 3 调用 OSSchedRoundRobinYield()(在 os_core.c 文件中定义)函数放弃剩余

的时间片，从而使优先级 *N* 的下一个就绪的任务运行。

(7) μC/OS Ⅱ 切换到任务 1。

(8) 任务 1 执行完其时间片。

前文介绍了任务级调度器和中断级调度器，下面要介绍的是时间片轮转调度器。如果当前任务的时间片已经运行完，但是同一优先级下有多个任务，那么 μC/OS Ⅱ 就会切换到该优先级对应的下一个任务，通过调用 OS_SchedRoundRobin()函数来完成，这个函数由 OSTimeTick()或者 OS_IntQTask()调用。

通过前文的介绍可以清晰地知道，如果某一优先级下有多个任务，这些任务是如何被调度和运行的，每次任务切换后运行的都是处于就绪任务列表 OSRdyList[]链表头的任务，当这个任务的时间片用完后这个任务就会被放到链表尾，然后再运行新的链表头的任务。

7.1.7 实验现象

运行"基础实验μC/OS Ⅱ任务挂起和恢复"可以看到多任务挂起与恢复的现象，不同任务主要由 LED 灯的时序控制来进行展示，如图 7.5 所示。

名称	修改日期	类型	大小
基础实验uC/OS Ⅱ任务挂起和恢复	2022/5/5 17:04	文件夹	

图 7.5 实验界面

7.2 μC/OS Ⅱ 的时钟设计实验

在学习单片机时会使用定时器来做很多定时任务，这个定时器是单片机自带的，也就是硬件定时器。在 μC/OS Ⅱ 中提供了软件定时器，可以使用这些软件定时器完成一些功能。本节就介绍一下 μC/OS Ⅱ 的软件定时器。

7.2.1 定时器工作模式

定时器为一个递减计数器，当计数器递减到 0 时就会触发一个动作，这个动作就是回调函数，当定时器计时完成时就会自动调用这个回调函数。因此，可以使用这个回调函数来完成一些设计。比如，定时 10 s 后打开某个外设等，在回调函数中应避免任何可以阻塞或者删除定时任务的函数。如果要使用定时器，需要将宏 OS_CFG_TMR_DEL_EN 定义为 1。定时器的分辨率由定义的系统节拍频率 OS_CFG_TICK_RATE_HZ 决定，比如定义为 200，系统时钟周期为 5 ms，定时器的最小分辨率肯定为 5 ms。但是定时器的实际分辨率是通过宏 S_CFG_TMR_TASK_RATE_HZ 定义的，这个值绝对不能大于 OS_CFG_TICK_RATE_HZ。比如，定义 OS_CFG_TMR_TASK_RATE_HZ 为 100，则定时器的时间分辨率为 10 ms。有关μC/OS Ⅱ定时器的函数都在 os_tmr.c 文件中。

1. 创建定时器

如果要使用定时器，需要先创建定时器，使用 OSTmrCreate()函数来创建定时器，这个函数也用来确定定时器的运行模式，OSTmrCreate()函数原型如下：

```
void OSTmrCreate (OS_TMR *p_tmr,
CPU_CHAR *p_name,
OS_TICK dly,
OS_TICK period,
OS_OPT opt,
OS_TMR_CALLBACK_PTR p_callback,
void *p_callback_arg,
OS_ERR *p_err)
```

参数说明如下。

① p_tmr：指向定时器的指针，宏 OS_TMR 是一个结构体。

② p_name：定时器名称。

③ dly：初始化定时器的延迟值。

④ period：重复周期。

⑤ opt：定时器运行选项，这里有两个模式可以选择。

- OS_OPT_TMR_ONE_SHOT：单次定时器。
- OS_OPT_TMR_PERIODIC：周期定时器。

⑥ p_callback：指向回调函数的名字。

⑦ p_callback_arg：回调函数的参数。

⑧ p_err：调用此函数以后返回的错误码。

2. 定时器参数

使用 OSTmrCreate()函数创建定时器时把参数 opt 设置为 OS_OPT_TMR_ONE_SHOT，就是创建的单次定时器。创建单次定时器后，一旦调用 OSTmrStart()函数定时器就会从创建时定义的 dly 开始倒计数，直到减为 0 调用回调函数，如图 7.6 所示。

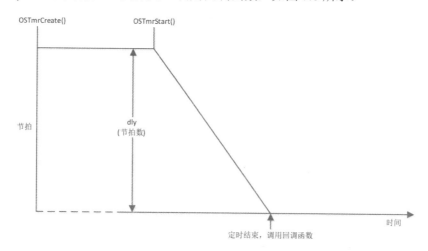

图 7.6　单次定时器

图 7.6 展示了单次定时器在调用 OSTmrStart()函数后开始倒计数，将 dly 减为 0 后调用回调函数的过程，此时定时器就停止运行，可以调用 OSTmrStop()函数来删除这个运行

完成的定时器。其实也可以重新调用 OSTmrStart()函数来开启一个已经运行完成的定时器，通过调用 OSTmrStart()函数来重新触发单次定时器，如图 7.7 所示。

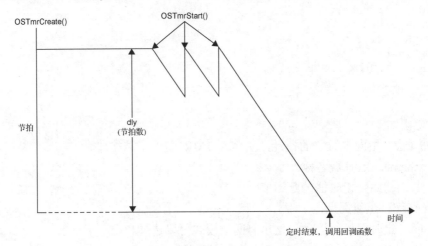

图 7.7　重新触发一次单次定时器

使用 OSTmrCreate()函数创建定时器时把参数 opt 设置为 OS_OPT_TMR_PERIODIC，就是创建的周期定时器。当定时器倒计数完成后，定时器就会调用回调函数，并且重置计数器，开始下一轮的定时，就这样一直循环下去。如果使用 OSTmrCreate()函数创建定时器，参数 dly 为 0，那么定时器在每个周期开始时计数器的初值就为 period，如图 7.8 所示。

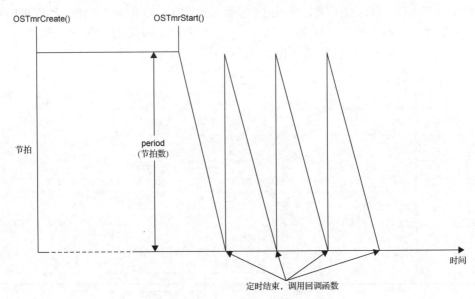

图 7.8　周期定时器(dly=0，period>0)

在创建定时器时也可以创建带有初始化延时的定时器，OSTmrCreate()函数中的参数 dly 就用于初始化延时，定时器的第一个周期为 dly。当第一个周期完成后就是用参数 period 作为周期值，调用 OSTmrStart()函数开启有初始化延时的定时器，如图 7.9 所示。

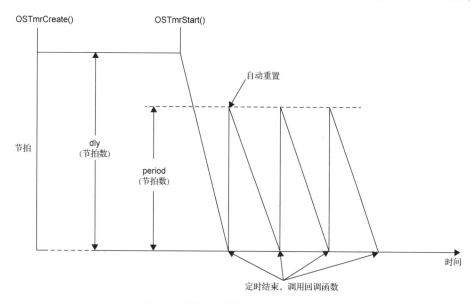

图 7.9　周期定时器(dly>0，period>0)

7.2.2　μC/OS II 定时器实验

本实验新建两个任务，即任务 A 和任务 B。任务 A 用于创建两个定时器，即定时器 1 和定时器 2，任务 A 还创建了任务 B。其中，定时器 1 为周期定时器，初始延时为 200 ms，以后的定时器周期为 1000 ms，定时器 2 为单次定时器，延时为 2000 ms。

任务 B 作为按键检测任务，当按下 KEY_UP 键时，打开定时器 1；当按下 KEY0 键时打开定时器 2；当按下 KEY1 键时，同时关闭定时器 1 和定时器 2；任务 B 还用来控制 LED0，使其闪烁，提示系统正在运行。

定时器 1 定时完成后调用回调函数刷新其工作区域的背景，并且在 LCD 上显示定时器 1 运行的次数。定时器 2 定时完成后也调用其回调函数来刷新其工作区域的背景，并且显示运行次数，由于定时器 2 是单次定时器，通过串口打印来观察单次定时器的运行情况。

实验关键代码如下，实验完整工程文件见"基础实验 μC/OS II 软件定时器实验"，这里主要介绍 main.c 文件，如图 7.10 所示。

名称	修改日期	类型	大小
基础实验 UCOS II 软件定时器	2022/5/5 17:16	文件夹	

图 7.10　实验界面

首先是定义两个定时器，OS_TMR 是一个结构体，代码如下：

```
OS_TMR tmr1;          //定时器 1
OS_TMR tmr2;          //定时器 2
```

接下来看一下 main 函数，main 函数比较简单，代码如下：

```
//主函数
```

```
int main(void)
{
OS_ERR err;
CPU_SR_ALLOC();
delay_init(168);                  //时钟初始化
NVIC_PriorityGroupConfig(NVIC_PriorityGroup_2);//中断分组配置
uart_init(115200);               //串口初始化
LED_Init();                      //LED 初始化
LCD_Init();                      //LCD 初始化
KEY_Init();                      //按键初始化
POINT_COLOR = RED;
LCD_ShowString(30,10,200,16,16,"Explorer STM32F4");
LCD_ShowString(30,30,200,16,16,"μC/OSⅡ Examp 8-1");
LCD_ShowString(30,50,200,16,16,"KEY_UP:Start Tmr1");
LCD_ShowString(30,70,200,16,16,"KEY0:Start Tmr2");
LCD_ShowString(30,90,200,16,16,"KEY1:Stop Tmr1 and Tmr2");
LCD_DrawLine(0,108,239,108);              //画线
LCD_DrawLine(119,108,119,319);            //画线
POINT_COLOR = BLACK;
LCD_DrawRectangle(5,110,115,314);         //画一个矩形
LCD_DrawLine(5,130,115,130);              //画线
LCD_DrawRectangle(125,110,234,314);       //画一个矩形
LCD_DrawLine(125,130,234,130);            //画线
POINT_COLOR = BLUE;
LCD_ShowString(6,111,110,16,16,"TIMER1:000");
LCD_ShowString(126,111,110,16,16,"TIMER2:000");
OSInit(&err);                             //初始化μC/OSⅡ
OS_CRITICAL_ENTER();                      //进入临界区
//创建开始任务
OSTaskCreate((OS_TCB *)&StartTaskTCB,
(CPU_CHAR* )"start task",
(OS_TASK_PTR )start_task,
(void* )0,
(OS_PRIO )START_TASK_PRIO,
(CPU_STK * )&START_TASK_STK[0],
(CPU_STK_SIZE )START_STK_SIZE/10,
(CPU_STK_SIZE )START_STK_SIZE,
(OS_MSG_QTY )0,
(OS_TICK )0,
(void * )0,
(OS_OPT )OS_OPT_TASK_STK_CHK|\
OS_OPT_TASK_STK_CLR,
 (OS_ERR * )&err);
OS_CRITICAL_EXIT();                       //退出临界区
OSStart(&err);                            //开启μC/OSⅡ
}
```

在 main 函数中主要完成了外设的初始化，在 LCD 上显示一些提示信息，绘制定时器 1 和定时器 2 的工作区域等。在 main 函数中还调用 OSTaskCreate()函数创建了 start_task 任务。

任务 1 的任务函数以及定时器 1、定时器 2 的回调函数如下：

//任务 1 的任务函数

```
void task1_task(void *p_arg)
{
u8 key,num;
OS_ERR err;
while(1)
{
key = KEY_Scan(0);
switch(key)
{
case WKUP_PRES:            //当按下 key_up 键时打开定时器 1
OSTmrStart(&tmr1,&err);    //开启定时器 1
printf("开启定时器 1\r\n");
break;
case KEY0_PRES:            //当按下 key0 键时打开定时器 2
OSTmrStart(&tmr2,&err);    //开启定时器 2
printf("开启定时器 2\r\n");
break;
case KEY1_PRES:            //当按下 key1 键时就关闭定时器
OSTmrStop(&tmr1,OS_OPT_TMR_NONE,0,&err); //关闭定时器 1
OSTmrStop(&tmr2,OS_OPT_TMR_NONE,0,&err); //关闭定时器 2
printf("关闭定时器 1 和 2\r\n");
break;
}
num++;
if(num==50) //每 500 ms LED0 闪烁一次
{
num = 0;
LED0 = ~LED0;
}
OSTimeDlyHMSM(0,0,0,10,OS_OPT_TIME_PERIODIC,&err); //延时 10 ms
}
}

//定时器 1 的回调函数
void tmr1_callback(void *p_tmr, void *p_arg)
{
static u8 tmr1_num=0;
LCD_ShowxNum(62,111,tmr1_num,3,16,0x80);            //显示定时器 1 的执行次数
LCD_Fill(6,131,114,313,lcd_discolor[tmr1_num%14]); //填充区域
tmr1_num++;                      //定时器 1 执行次数加 1
}
//定时器 2 的回调函数
void tmr2_callback(void *p_tmr,void *p_arg)
{
static u8 tmr2_num = 0;
tmr2_num++;                                          //定时器 2 执行次数加 1
LCD_ShowxNum(182,111,tmr2_num,3,16,0x80);           //显示定时器 2 执行次数
LCD_Fill(126,131,233,313,lcd_discolor[tmr2_num%14]);   //填充区域
LED1 = ~LED1;
printf("定时器 2 运行结束\r\n");
}
```

这 3 个函数比较简单，后面都有注释，这里就不再一一解释了。不过应注意的是，在

定时器的回调函数里一定要避免使用任何会阻塞或者删除定时器任务的函数。

代码编译完成下载到开发板中观察和分析实验现象，一开始 LCD 如图 7.11 所示。定时器 1 和定时器 2 都没有打开，只有 LED0 在闪烁，提示系统正在运行。

从图 7.11 中可以看到，此时定时器 1 和定时器 2 都没有开启，定时器 1 和定时器 2 的工作区域背景都是白色的，并且两个定时器的运行次数都为 0，当按下 KEY_UP 时定时器 1 开始运行，此时 LCD 如图 7.12 所示。

图 7.11　上电以后 LCD 界面

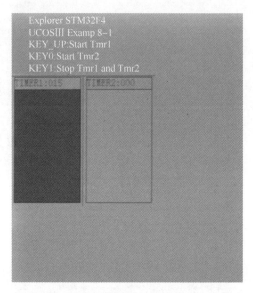

图 7.12　启动定时器 1 后的 LCD 界面

从图 7.12 中可以看出，此时定时器 1 运行了 15 次，而定时器 2 为 0，因为根本就没有开启定时器 2。这里要注意的是，当按下 KEY_UP 键后，左边的区域并没有立即刷新为其他颜色，这是因为按下 KEY_UP 键后，定时器 1 开始运行，直到运行完初始化延时时间 200 ms 后才会调用定时器 1 的回调函数刷新左边区域的背景颜色，只有初始化延时为 200 ms，以后的周期就是 1000 ms。

按下 KEY0 键，开启定时器 2，等待 2000 ms 后右边矩形的背景刷新为其他颜色，如图 7.13 所示。由于定时器 2 配置为单次模式，从按下按键开始等待定时器 2 计数器减到 0，就会调用一次回调函数，然后定时器 2 停止运行，除非再一次打开定时器 2，再按一下 KEY0 键打开定时器 2，等待 2000 ms 后右边矩形背景又被刷新为其他颜色，说明定时器 2 回调函数再一次被调用。

按下 KEY1 键会同时关闭定时器 1 和定时器 2，虽然定时器 2 为单次定时器，每次执行完毕后会自行关闭，但是这里还是会通过调用 OSTmrStop()函数来关闭定时器 2。

再观察串口调试助手输出的信息，如图 7.14 所示。操作时串口调试助手就会接收到相应的信息，大家对照着源代码自行分析串口调试助手显示的信息。

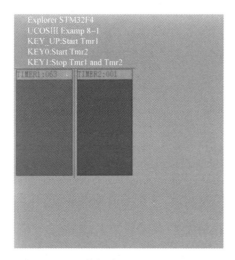

图 7.13　开启定时器 2 后的 LCD 界面

图 7.14　串口调试助手接收到的信息

7.3　STemWin 图片与字体显示实验

通过前面的学习已经掌握了 STemWin 的基本移植和 API 函数方法。下面通过基础实验进行训练。

1. STemWin 显示图片步骤

首先找到 STemWin 中的 software 文件夹，找到 BmpCvtST.exe(将图片文件转换成对应显示数组的 C 文件)，将对应图片生成为对应的 C 文件，如图 7.15 所示。

将生成对应的 C 文件添加到自己的工程文件中，然后使用 GUI_DrawBitmapEx 函数进行显示，先将对应的图片文件生成 C 文件。

名称	修改日期	类型	大小
JPEG2MovieScripts	2020/7/30 16:27	文件夹	
Bin2C.exe	2020/4/9 9:36	应用程序	99 KB
BmpCvtST.exe	2020/4/9 9:36	应用程序	387 KB
emVNC.exe	2020/4/9 9:36	应用程序	217 KB
emWinPlayer.exe	2020/4/9 9:36	应用程序	3,413 KB
emWinSPY.exe	2020/4/9 9:36	应用程序	3,346 KB
emWinView.exe	2020/4/9 9:36	应用程序	131 KB
FontCvtST.exe	2020/4/9 9:36	应用程序	1,007 KB
GUIBuilder.exe	2020/4/9 9:36	应用程序	1,290 KB
JPEG2Movie.exe	2020/4/9 9:36	应用程序	122 KB
License.txt	2020/4/9 9:36	TXT 文件	9 KB
U2C.exe	2020/4/9 9:36	应用程序	99 KB

图 7.15　找到 BmpCvtST.exe 文件

打开对应图片，如图 7.16 所示。

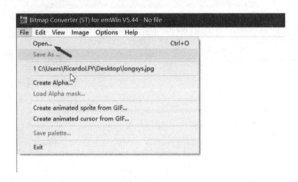

图 7.16　打开图片

执行 Image 菜单中的 Convert to→Best palette(不同的调色板 LCD 的显示效果不同)命令，如图 7.17 所示。

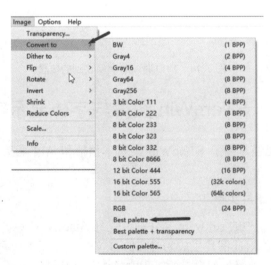

图 7.17　转换为最佳调色板

然后保存，如图 7.18 所示。选择 LCDConf_FlexColor_Template.c 所对应的调色板，如图 7.19 所示。

图 7.18　保存文件

图 7.19　选择对应的调色板

使用 GUI_DrawBitmapEx 函数在指定位置显示，代码如下：

```
extern GUI_CONST_STORAGE GUI_B工TMAPbmxxXx;
GUI_DrawBitmapEx ( &bmxxxx,0, 0, 0, 0, 590,500);
```

2. STemWin 显示中文步骤

首先找到 STemWin 中的 software 文件夹，找到 FontCvtST.exe(生成对应字库)文件，将取模好的字生成为对应的 C 文件。将对应的 C 文件添加到自己的工程文件夹中，再使用 GUI_UC_SetEncodeUTF8 函数和 GUI_SetFont 函数设置对应的字体。

根据需要的字生成对应显示 C 文件，选择需要的字体样式，如图 7.20 和图 7.21 所示。

JPEG2MovieScripts	2020/7/30 16:27	文件夹	
Bin2C.exe	2020/4/9 9:36	应用程序	99 KB
BmpCvtST.exe	2020/4/9 9:36	应用程序	387 KB
emVNC.exe	2020/4/9 9:36	应用程序	217 KB
emWinPlayer.exe	2020/4/9 9:36	应用程序	3,413 KB
emWinSPY.exe	2020/4/9 9:36	应用程序	3,346 KB
emWinView.exe	2020/4/9 9:36	应用程序	131 KB
FontCvtST.exe	2020/4/9 9:36	应用程序	1,007 KB
GUIBuilder.exe	2020/4/9 9:36	应用程序	1,290 KB
JPEG2Movie.exe	2020/4/9 9:36	应用程序	122 KB
License.txt	2020/4/9 9:36	TXT 文件	9 KB
U2C.exe	2020/4/9 9:36	应用程序	99 KB

图 7.20　找到 FontCvtST.exe

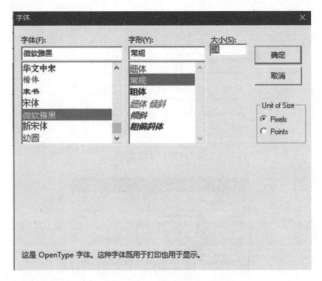

图 7.21 定义字体及大小

将想要显示的中文用 txt 文件保存(注意格式为 Unicode 或者 UTF-16 LE with BOM),然后读取 txt 文件就会将对应的中文取好模了,再保存成 C 文件添加到自己的工程文件夹下就可以使用了。

使用 GUI_UC_SetEncodeUTF8 函数和 GUI_SetFont 函数来设置显示对应的字体,代码如下。

```
extern GUI_CONST_STORAGE GUI_FONT GUI_FontChineseFont;
GUI_uc_setEncodeUTF8();          //GUI 字库
GUI_setFont(&GUI_FontChineseFont);
```

实验现象如图 7.22 所示,在屏幕上显示一张加载到 RAM 中且扩大了 4/3 倍的 BMP图片。

图 7.22 BMP 图片

7.4 网络通信实验

网络通信实验将使用 STM32F4 自带的网口和 LwIP,实现 TCP 服务器、TCP 客户端、UDP 及 Web 服务器等 4 个功能。

STM32F407 芯片自带以太网模块，该模块包括带专用 DMA 控制器的 MAC 802.3(介质访问控制)控制器，支持介质独立接口 (MII) 和简化介质独立接口 (RMII)，并自带了一个用于外部 PHY 通信的 SMI 接口，通过一组配置寄存器，用户可以为 MAC 控制器和 DMA 控制器选择所需模式和功能。

STM32F407 自带以太网模块包括以下特点。

① 支持外部 PHY 接口，实现 10M/100Mb/s 的数据传输速率。

② 通过符合 IEEE802.3 的 MII/RMII 接口与外部以太网 PHY 进行通信。

③ 支持全双工和半双工操作。

④ 可编程帧长度，支持高达 16KB 巨型帧。

⑤ 可编程帧间隔(40～96 位时间，以 8 为步长)。

⑥ 支持多种灵活的地址过滤模式。

⑦ 通过 SMI(MDIO)接口配置和管理 PHY 设备。

⑧ 支持以太网时间戳(参见 IEEE1588-2008)，提供 64 位时间戳。

⑨ 提供接收和发送两组 FIFO。

⑩ 支持 DMA。

打开从官网上下载的 LwIP 1.4.1，其中包括 doc、src 和 test 这 3 个文件夹和 5 个其他文件。doc 文件夹下包含几个与协议栈使用相关的文本文档，doc 文件夹里面有两个比较重要的文档，即 rawapi.txt 和 sys_arch.txt。

rawapi.txt 告诉读者怎么使用 raw/callback API 进行编程，sys_arch.txt 包含了移植说明，在移植时会用到。src 文件夹是重点，里面包含了 LwIP 的源代码。test 中是 LwIP 提供的一些测试程序，方便大家使用 LwIP。打开 src 源代码文件夹，如图 7.23 所示。

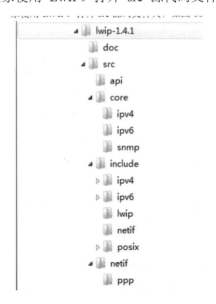

图 7.23   LwIP src 文件夹内容

src 文件夹由 4 个文件夹组成，即 api、core、include、netif。api 文件夹里面是 LwIP

的 sequential API(Netconn)和 socket API 两种接口函数的源代码，要使用这两种 API 需要操作系统支持。core 文件夹是 LwIP 内核源代码，实现了各种协议支持，include 文件夹里面是 LwIP 使用到的头文件，netif 文件夹里面是与网络底层接口有关的文件。

关于 LwIP 的移植，可参考第 6 章的内容。

本节综合了 4 个 LwIP 基础例程，即 UDP 实验、TCP 客户端(TCP Client)实验、TCP 服务器(TCP Server)实验和 Web Server 实验。这些实验测试代码在工程 LwIP→lwip_app 文件夹下，如图 7.24 所示。

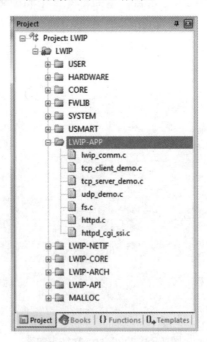

图 7.24　LwIP 文件夹内容

1. 实验工程详细介绍

这里总共 4 个文件夹：lwip_comm 文件夹，存放了提供的 LwIP 扩展支持代码，方便使用和配置 LwIP，其他几个文件夹则分别存放了 TCP Client、TCP Server、UDP 和 Web Server 测试演示程序。本例程工程结构如图 7.25 所示。

图 7.25　本例程工程结构

本节例程所实现的功能，全部由 LWIP_APP 组下的几个.c 文件实现，其他部分代码就不详细介绍了。最后来看看 main.c 里面的代码，具体如下：

```
//加载 UI
//mode:
//bit0:0，不加载；1，加载前半部分 UI
//bit1:0，不加载；1，加载后半部分 UI
void lwip_test_ui(u8 mode)
{
u8 speed; u8 buf[30];
POINT_COLOR=RED;
if(mode&1<<0)
{
LCD_Fill(30,30,lcddev.width,110,WHITE);            //清除显示
LCD_ShowString(30,30,200,16,16,"Explorer STM32F4");
LCD_ShowString(30,50,200,16,16,"Ethernet lwIP Test");
LCD_ShowString(30,70,200,16,16,"ATOM@ALIENTEK");
LCD_ShowString(30,90,200,16,16,"2014/8/15");
}
if(mode&1<<1)
{
LCD_Fill(30,110,lcddev.width,lcddev.height,WHITE); //清除显示
LCD_ShowString(30,110,200,16,16,"lwIP Init Successed");
if(lwipdev.dhcpstatus==2)sprintf((char*)buf,"DHCP
IP:%d.%d.%d.%d",lwipdev.ip[0],
lwipdev.ip[1],lwipdev.ip[2],lwipdev.ip[3]);        //IP 地址
else sprintf((char*)buf,"Static
IP:%d.%d.%d.%d",lwipdev.ip[0],lwipdev.ip[1],
lwipdev.ip[2],lwipdev.ip[3]);                      //打印静态 IP 地址
LCD_ShowString(30,130,210,16,16,buf);
speed=LAN8720_Get_Speed();                         //得到网速
if(speed&1<<1)LCD_ShowString(30,150,200,16,16,"Ethernet Speed:100 M");
else LCD_ShowString(30,150,200,16,16,"Ethernet Speed:10M");
LCD_ShowString(30,170,200,16,16,"KEY0:TCP Server Test");
LCD_ShowString(30,190,200,16,16,"KEY1:TCP Client Test");
LCD_ShowString(30,210,200,16,16,"KEY2:UDP Test");
}
}

int main(void)
{
u8 t; u8 key;
delay_init();                        //延时初始化
NVIC_PriorityGroupConfig(NVIC_PriorityGroup_2);//设置系统中断优先级分组 2
uart_init(115200);                   //串口波特率设置
usmart_dev.init(84);                 //初始化 USMART
LED_Init();                          //LED 初始化
KEY_Init();                          //按键初始化
LCD_Init();                          //LCD 初始化
BEEP_Init();                         //蜂鸣器初始化
RTC_Init();                          //RTC 初始化
Adc_Init();                          //ADC 初始化
TIM3_Int_Init(100-1,8400-1);         //10 kHz 的频率，计数 100 为 10 ms
```

```
my_mem_init(SRAMIN);              //初始化内部内存池
my_mem_init(SRAMCCM);             //初始化 CCM 内存池
POINT_COLOR=RED;                  //红色字体
lwip_test_ui(1);                  //加载前半部分 UI
//先初始化 LwIP(包括 LAN8720A 初始化),此时必须插上网线,否则初始化会失败!!
LCD_ShowString(30,110,200,16,16,"lwIP Initing...");
while(lwip_comm_init()!=0)
{
LCD_ShowString(30,110,200,16,16,"lwIP Init failed!");
delay_ms(1200);
LCD_Fill(30,110,230,110+16,WHITE);//清除显示
LCD_ShowString(30,110,200,16,16,"Retrying...");
}
LCD_ShowString(30,110,200,16,16,"lwIP Init Successed");//等待 DHCP 获取
LCD_ShowString(30,130,200,16,16,"DHCP IP configing...");
while((lwipdev.dhcpstatus!=2)&&(lwipdev.dhcpstatus!=0XFF))//等待 DHCP 成功或超时
{
lwip_periodic_handle();
}
lwip_test_ui(2);                  //加载后半部分 UI
httpd_init();                     //HTTP 初始化(默认开启 WebSever)
while(1)
{
key=KEY_Scan(0);
switch(key)
{
case KEY0_PRES:                   //TCP Server 模式
tcp_server_test();
lwip_test_ui(3);                  //重新加载 UI
break;
case KEY1_PRES:                   //TCP Client 模式
tcp_client_test();
lwip_test_ui(3);                  //重新加载 UI
break;
case KEY2_PRES:                   //UDP 模式
udp_demo_test();
lwip_test_ui(3);                  //重新加载 UI
break;
}
lwip_periodic_handle();
delay_ms(2);
t++;
if(t==100)LCD_ShowString(30,230,200,16,16,"Please choose a mode!");
if(t==200)
{
t=0;
LCD_Fill(30,230,230,230+16,WHITE);//清除显示
LED0=!LED0;
}
}
}
```

这里开启了定时器 3，为 LwIP 提供时钟，然后通过 lwip_comm_init 函数初始化 LwIP，该函数处理包括初始化 STM32F4 的以太网外设、初始化 LAN8720A、分配内存、使能 DHCP、添加并打开网卡等操作。

在 LwIP 初始化成功后，进入 DHCP 获取 IP 状态，当 DHCP 获取成功后，显示开发板获取到的 IP 地址，然后开启 HTTP 服务。此时，可以在浏览器输入开发板 IP 地址，登录 Web 控制界面，进行 WebServer 测试。

在主循环里面，可以通过按键选择 TCP Server、TCP Client 和 UDP 等测试项目，主循环还调用了 lwip_periodic_handle 函数，用于周期性处理 LwIP 事务。

在开始测试之前，先用网线(需自备)将开发板和计算机连接起来。

对于有路由器的用户，直接用网线连接路由器，同时计算机也连接路由器，即可完成计算机与开发板的连接设置。对于没有路由器的用户，则直接用网线连接计算机的网口，然后设置计算机的本地连接属性，如图 7.26 所示。

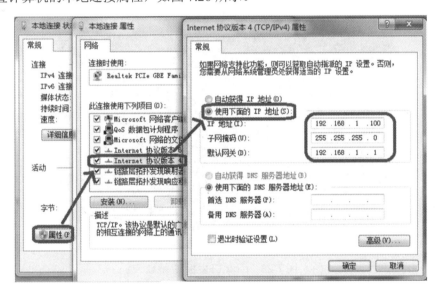

图 7.26　开发板与计算机直连时计算机本地连接属性设置

此时设置 IPv4 的属性，设置 IP 地址为 192.168.1.100(100 是可以随意设置的，但不能是 30 和 1)；子网掩码为 255.255.255.0；网关为 192.168.1.1；DNS 部分可以不用设置。设置完成后，单击"确定"按钮，即可完成计算机端的设置，这样开发板和计算机就可以互相通信了。

在代码编译成功之后，通过下载代码到 STM32F4 开发板上(这里以路由器连接方式介绍，下同，且假设 DHCP 获取 IP 成功)，LCD 显示如图 7.27 所示界面。

此时屏幕提示选择测试模式，可以选择 TCP Server、TCP Client 和 UDP 3 项测试。不过先来看看网络连接是否正常。从图 7.28 中可以看到，开发板通过 DHCP 获取到的 IP 地址为 192.168.1.105，因此，在计算机上先来 ping 一下这个 IP，看看能否 ping 通，以检查连接是否正常(Start→运行→CMD)，如图 7.28 所示。

Explorer STM32F4
Ethernet lwIP Test
ATOM@ALIENTEK
2014/8/15
lwIP Init Successed
DHCP IP:192.168.1.105
Ethernet Speed:100M
KEY0:TCP Server Test
KEY1:TCP Client Test
KEY2:UDP Test
Please choose a mode!

图 7.27　DHCP 获取 IP 成功

管理员: C:\Windows\system32\cmd.exe

```
Microsoft Windows [版本 6.1.7601]
版权所有 (c) 2009 Microsoft Corporation。保留所有权利。

C:\Users\Administrator>ping 192.168.1.105

正在 Ping 192.168.1.105 具有 32 字节的数据:
来自 192.168.1.105 的回复: 字节=32 时间<1ms TTL=255
来自 192.168.1.105 的回复: 字节=32 时间<1ms TTL=255
来自 192.168.1.105 的回复: 字节=32 时间<1ms TTL=255
来自 192.168.1.105 的回复: 字节=32 时间<1ms TTL=255

192.168.1.105 的 Ping 统计信息:
    数据包: 已发送 = 4, 已接收 = 4, 丢失 = 0 (0% 丢失),
往返行程的估计时间(以毫秒为单位):
    最短 = 0ms, 最长 = 0ms, 平均 = 0ms

C:\Users\Administrator>
```

图 7.28　ping 开发板 IP 地址

可以看到，开发板所显示的 IP 地址是可以 ping 通的，说明开发板和计算机连接正常，可以开始后续测试了。

2. TCP Server 测试

在提示界面，按 KEY0 键即可进入 TCP Server 测试，此时开发板作为 TCP Server。LCD 屏幕上显示 Server IP 地址(就是开发板的 IP 地址)，Server 端口固定为 8088，如图 7.29 所示。

图 7.29 显示了 Server IP 地址是 192.168.1.105，Server 端口号是 8088。上位机配合测试，需要用到一个网络调试助手的软件。

在计算机端打开网络调试助手，设置协议类型为 TCP Client，服务器 IP 地址为192.168.1.105，服务器端口号为 8088，然后单击"连接"按钮，即可连上开发板的 TCP Server。此时，开发板的液晶显示 Client IP:192.168.1.101(计算机的 IP 地址)，如图 7.29 所示，而网络调试助手端则显示连接成功，如图 7.30 所示。

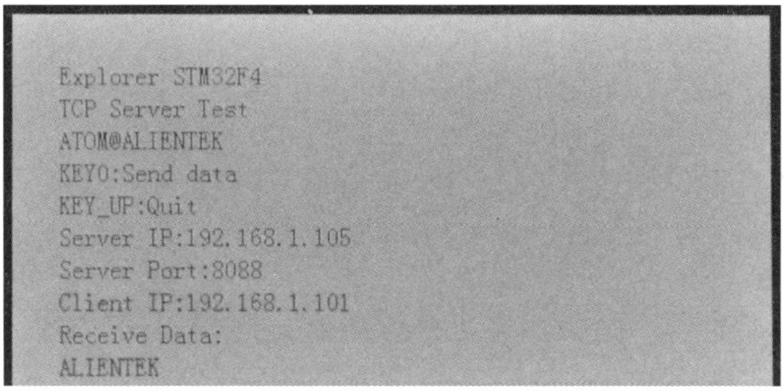

图 7.29 TCP Server 测试界面

图 7.30 计算机端网络调试助手 TCP Client 测试界面

按开发板的 KEY0 键，即可给计算机发送数据。同样，在计算机端输入数据，也可以通过网络调试助手发送给开发板。

3. TCP Client 测试

在提示界面，按 KEY1 键即可进入 TCP Client 测试，此时先进入远端 IP 设置界面，也就是 Client 要去连接的 Server 端的 IP 地址。通过 KEY0/KEY2 键可以设置 IP 地址，通过 7.3 节的测试，知道计算机的 IP 地址是 192.168.1.101，所以这里设置 Client 要连接的远端 IP 地址为 192.168.1.101，如图 7.31 所示。

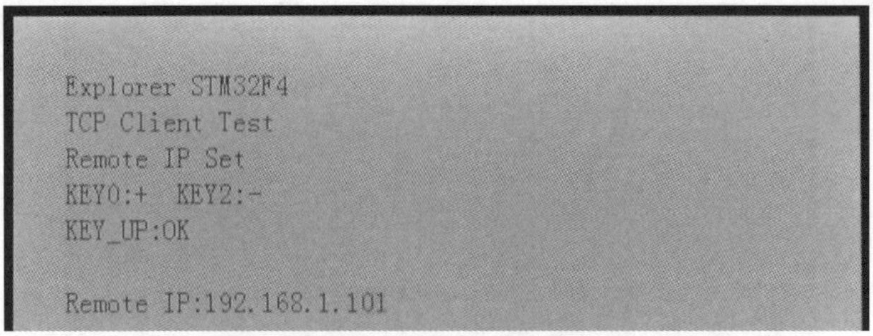

图 7.31 远端 IP 地址设置

设置好之后，按 KEY_UP 键确认，进入 TCP Client 测试界面。开始时，屏幕显示 Disconnected。然后在计算机端打开网络调试助手，设置协议类型为 TCP Server，本地 IP 地址为 192.168.1.101(计算机 IP)，本地端口号为 8087，然后单击"连接"按钮，开启计算机端的 TCP Server 服务，如图 7.32 所示。

图 7.32 计算机端网络调试助手 TCP Server 测试界面

在计算机端开启 Server 后，稍等片刻，开发板的 LCD 即显示 Connected，如图 7.33 所示。

在连接成功后，计算机和开发板即可互发数据，同样，开发板还是按 KEY0 键发送数据给计算机。按 KEY_UP 键可以退出 TCP Client 测试，返回选择界面。

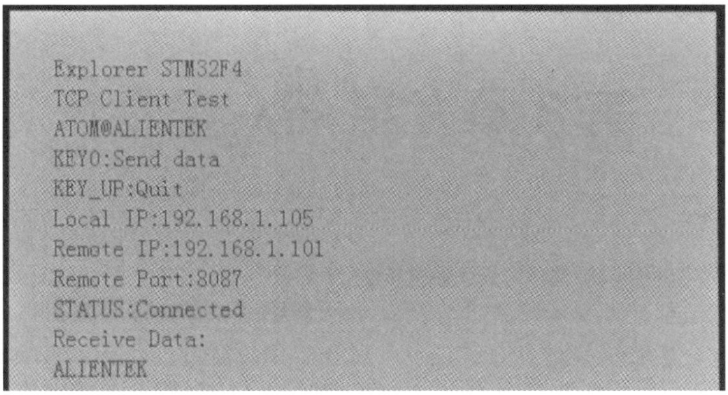

图 7.33　TCP Client 测试界面

第8章 综合实验

本章学习目标

1. 掌握对综合实验的代码调试与程序移植等技术能力。
2. 培养在大型软件开发和硬件开发项目中，合理的任务设计的应用能力。
3. 培养对综合实验项目进行分解设计与联合验证的能力。

基于μC/OSⅡ的综合实验设计，《综合实验》(见图 8.1)详细界面和功能如图 8.2 所示。整套综合实验软件工程总共包含 19 个图标，每个图标代表一个功能，主界面顶部具有状态栏，显示 GSM 模块信号质量、运营商、SD 卡状态、U 盘状态、CPU 使用率和时间等信息。

名称	修改日期	类型	大小
综合实验	2022/5/5 17:59	文件夹	

图 8.1 综合实验说明

图 8.2 综合实验系统主界面(4.3 英寸屏版本)

下面着重介绍 4 个重点功能，分别是电子图书、数码相框、音乐播放和视频播放。

8.1　电子图书功能的详细操作介绍

双击主界面的电子图书图标，进入图 8.3 所示的文件浏览界面。

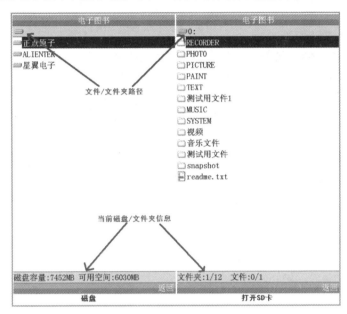

图 8.3　文件浏览界面

在图 8.3 中，左侧的图是刚刚进入时看到的界面(类似在 XP/Win7 上打开"我的电脑")，可以看到有 3 个盘，界面的上方显示文件/文件夹的路径。如果当前路径是磁盘/磁盘根目录，则显示磁盘图标；如果是文件夹，则显示文件夹图标。另外，如果路径太深，则只显示部分路径(其余用…代替)。

界面的下方，显示磁盘信息/当前文件夹信息。对磁盘，则显示当前选中磁盘的总容量和可用空间；对文件夹，则显示当前路径下文件夹总数和文件总数，并显示当前选中的是第几个文件夹/文件。双击打开 SD 卡，得到如右侧图片所示的界面，选中一个文件夹，双击打开得到的界面如图 8.4 所示。

图 8.4 的左侧显示了当前文件夹下面的目标文件(即电子图书支持的文件，包括.txt/.h/.c/.lrc 等格式，其中.txt/.h/.c 文件共用 1 个图标表示,.lrc 文件单独用一个图标表示)。另外，如果文件名太长，在选中该文件名后，系统会以"走"字的形式显示整个文件名。

打开一个 txt 文件，开始文本阅读，如图右侧的图片所示，同样可以通过滚动条/拖动的方式来浏览，在图 8.4 中还可看到有一个光标，触摸屏点到哪里，它就在哪里闪烁，可以方便大家阅读。

文本阅读是将整个文本文件加载到外部内存中来实现的，所以文本文件最大不能超过外部内存总大小，即 960 KB(这里仅指受内存管理的部分，不是整个外部 SRAM 的大小)。当想退出文本阅读时，通过单击 TPAD 按钮实现，单击 TPAD 按钮，则又回到查找

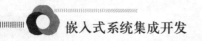嵌入式系统集成开发

目标文件状态(见图 8.3 左侧)，单击返回按钮可以返回上一层目录。如果再单击 TPAD 按钮，则直接返回主界面。

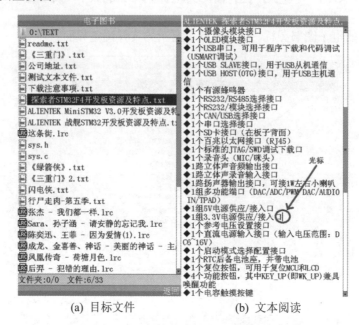

(a) 目标文件   (b) 文本阅读

图 8.4 目标文件和文本阅读界面

8.2 数码相框功能的详细操作介绍

双击主界面的数码相框图标，进入文件浏览界面，找到存放图片的文件夹，如图 8.5 所示。

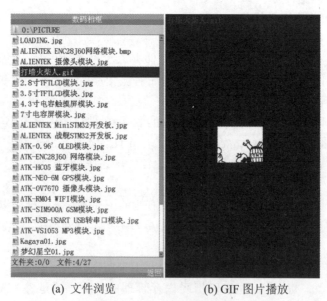

(a) 文件浏览   (b) GIF 图片播放

图 8.5 文件浏览和图片播放

图 8.5(a)是文件浏览界面，可以看到在 PICTURE 文件夹下共有 27 个文件，包括 gif/jpg/bmp 等，这些都是数码相框功能所支持的格式。图 8.5(b)显示正在播放的 GIF 图片，并在其左上角显示当前图片的名字。当然，也可以播放 bmp 和 jpg 文件，如图 8.6 所示。

(a) bmp 图片播放　　　　　　　(b) jpg 图片播放

图 8.6　bmp 和 jpg 图片播放

可以通过单击屏幕的上方(1/3 屏幕)区域切换到上一张图片浏览；通过单击屏幕的下方 (1/3 屏幕)区域切换到下一张图片；通过单击屏幕的中间(1/3 屏幕)区域可以暂停自动播放，同时 DS1 亮，提示正在暂停状态。同样，通过单击 TPAD 按钮，可以返回文件浏览状态。

图片浏览支持两种自动播放模式，即循环播放和随机播放。大家可以在系统设置中设置图片播放模式。系统默认是循环播放模式，在该模式下，每隔 4 s 左右自动播放下一张图片，依次播放所有图片。而随机播放模式，也是每隔 4 s 左右自动播放下一张图片，但不是按顺序播放，而是随机播放下一张图片。

8.3　音乐播放功能的详细操作介绍

综合实验的音乐播放器功能非常强大，可作为 HIFI 播放器使用。双击主界面的音乐播放图标，进入文件浏览界面，这和电子图书里的功能差不多，只是这里浏览的文件变为.wav/.mp3/.flac/.ape 等音频文件，找到存放音频文件的文件夹，如图 8.7 所示。

该音乐播放器可支持常见的无损音乐(wav/flac/ape)播放，具体性能如下。

① 　wav 文件：支持最高 192K@24bit 播放。

② 　mp3 文件：全码率支持。

③ 　flac 文件：支持最高 192K@16bit，或者 96K@24bit 播放。

④ ape 文件：最高支持 96K@16bit(LEVEL1 压缩)播放。

(a) 文件浏览　　　　　(b) wav 格式播放

图 8.7　文件浏览和 wav 格式播放

图 8.7(a)是文件浏览的界面，可以看到在音乐文件的文件夹下共有 33 个音频文件，包括 wav/mp3/flac/ape 等格式，这些都是播放器所支持的格式。图 8.7(b)则是播放器的主界面，该界面显示了当前播放歌曲的名字、播放进度、播放时长、总时长、采样率、位数、码率、音量、当前文件编号、总文件数、歌词等信息。图 8.7(b)下方的 5 个按键分别是目录、上一曲、暂停/播放、下一曲、返回。单击播放进度条，可以直接设置歌曲播放位置(注意：ape 格式不支持)，单击声音进度条，可以设置音量。图 8.7(b)为正在播放 wav 文件，当然还可以播放其他音频格式，如图 8.8 所示。

(a) mp3 格式播放　　　　　(b) flac 格式播放

图 8.8　mp3 格式播放和 flac 格式播放

播放器还可以设置音效和播放模式(均在系统设置中设置)。音效包括 5 段 EQ、3D 效果等设置。播放模式有 3 种，即全部循环、随机播放、单曲循环，默认为全部循环。另外，关于歌词显示，歌词必须和歌曲在同一个文件夹里，且名字必须相同(当然后缀是不同的，歌词后缀为.lrc)，这样才能正常显示歌词。对于没有歌词文件的歌曲，则直接播放，不显示歌词。歌词采用多行显示，中间为当前正在演唱的歌词(粉红色字体显示)，上下分别有预览歌词(白色字体显示)，如果正在演唱的歌词太长，则会采用"走"字的形式来显示，"走"字时间由系统自动确定。

可以通过单击"目录"按钮来选择其他音频文件；单击"返回"按钮(或 TPAD 按钮)则可以返回主界面，不过此时正在播放的歌曲还是会继续播放(后台播放)。如果想关闭音乐播放器，则需要先按暂停，然后返回主界面，即可关闭音频播放器；否则音频播放器将一直播放音乐。本音乐播放器支持多种无损音频格式播放，前文介绍了 wav 和 flac。wav 和 flac 是支持 24bit 播放的，不过 ape 只支持 16bit 播放。

8.4　视频播放功能的详细操作介绍

综合实验支持视频播放(带声音)，软解码 avi 文件，实现视频播放。支持的视频格式为.avi，视频必须使用 MJPEG 压缩，音频采用线性 PCM 编码(无压缩)。视频分辨率不得大于屏幕分辨率。对于综合实验来说：2.8 英寸屏，最大支持 240×164 分辨率的视频；3.5 英寸屏，最大支持 320×296 分辨率的视频；4.3 英寸屏，最大支持 480×550 分辨率的视频。特别提醒：一般网络下载的视频文件(.avi/.rmvb/.mkv/.mp4 等)，本播放器不支持，必须通过软件转换才可以。

双击主界面的视频播放图标，进入文件浏览界面，这与电子图书功能差不多，只是这里浏览的文件变为了.avi 的视频文件，找到存放视频文件的文件夹，如图 8.9 所示。

(a) 文件浏览　　　　　　(b) avi 视频播放

图 8.9　文件浏览和 avi 视频播放

图 8.9(a)是文件浏览的界面,可以看到在视频文件夹下共有 21 个视频文件。图 8.9(b)则是视频播放器的主界面,该界面显示了当前播放视频的名字、播放进度、播放时长、总时长、音频采样率、视频帧率、视频分辨率、音量、当前文件编号、总文件数等信息。图 8.9(b)下方的 5 个按键分别是目录、上一个视频、暂停/播放、下一个视频、返回。单击视频播放进度条,可以直接设置视频播放位置,单击声音进度条,可以设置音量。

视频播放器还可以设置音效和播放模式(均在系统设置中设置)。音效包括 5 段 EQ、3D 效果等设置。播放模式有 3 种,即全部循环、随机播放、单曲循环,默认为全部循环。

可以通过单击"目录"按钮选择其他视频文件;单击返回按钮(或 TPAD 按钮)则可以返回主界面。视频播放不支持后台播放,所以一旦退出到文件浏览或者主界面,则停止视频播放。

在图 8.9(b)中,图片播放的是 480×272 的视频,帧率为 10 帧/s。对于小分辨率的视频,帧率可以更快些,比如 320×240 可以设置为 25 帧/s,240×160 可以设置为 30 帧/s,如图 8.10 所示。

320×240　25 帧/s 播放　　　　　240×160　30 帧/s 播放

图 8.10　视频播放

参 考 文 献

[1] 屈微，王志良. STM32 单片机应用基础与项目实践[M]. 北京：清华大学出版社，2019.

[2] 梁晶，吴银琴. 嵌入式系统原理与应用：基于 STM32F4 系列微控制器[M]. 北京：人民邮电出版社，2021.

[3] 张勇. ARM Cortex-M3 嵌入式开发与实践 STM32F 103[M]. 北京：清华大学出版社，2022.

[4] 张淑清，胡永涛，张立国，等. 嵌入式单片机 STM32 原理及应用[M]. 北京：机械工业出版社，2019.

[5] 正点原子团队. STM32F4 开发指南[EB/OL]. http://www.openedv.com/docs/boards/stm32/zdyz_stm32f407_explorer.html，2019.

[6] 张洋，刘军，严汉宇，等. 原子教你玩 STM32-库函数版[M]. 2 版. 北京：北京航空航天大学出版社，2015.

[7] 王益涵，孙宪坤，史志才. 嵌入式系统原理及应用：基于 ARM Cortex-M3 内核的 STM32F103 系列微控制[M]. 北京：清华大学出版社，2016.

[8] 毛玉星，郭珂，刘卫华. 单片机原理及接口技术：基于 ARM Cortex-M3 的 STM32 系列[M]. 重庆：重庆大学出版社，2020.

[9] 任哲. 嵌入式实时操作系统μC/OS Ⅱ 原理及应用[M]. 2 版. 北京：北京航空航天大学出版社，2009.

[10] Jean J. Labrosse. 嵌入式实时操作系统 μC\OS-Ⅱ[M]. 邵贝贝，等，译. 北京：北京航空航天大学出版社，2003.

[11] 田泽. ARM9 嵌入式开发实验与实践[M]. 北京：北京航空航天大学出版社，2006.

[12] 李驹光，等. ARM 应用系统开发详解：基于 S3C4510B 的系统设计[M]. 北京：清华大学出版社，2003.